采煤对山西地下水资源及地质环境影响研究

赵喜萍　张志祥　郭凯　著

中国水利水电出版社
www.waterpub.com.cn
·北京·

内 容 提 要

本书以山西煤矿区地下水资源及地质环境为研究对象，运用水文地质学、工程地质学、环境地质学、水文学、采煤学、开采沉陷学、矿山地质灾害学等多学科的前沿理论，采用现场调查、理论分析、相似材料模拟实验及数值模拟等方法，研究了采煤对山西地下水资源及地质环境影响。研究成果为山西煤矿区地下水资源可持续开发利用及保护以及矿山地质环境保护与治理恢复提供重要理论依据。

本书可供地下水科学与工程、水文与水资源工程、水文地质、工程地质、环境地质、灾害地质等专业的研究、技术、管理人员以及高等院校相关专业的师生参考。

图书在版编目（CIP）数据

采煤对山西地下水资源及地质环境影响研究 / 赵喜萍，张志祥，郭凯著. -- 北京 : 中国水利水电出版社，2021.4
ISBN 978-7-5170-9479-1

Ⅰ. ①采… Ⅱ. ①赵… ②张… ③郭… Ⅲ. ①煤矿开采－地下水资源－资源保护－山西②煤矿开采－地质环境－综合治理－山西 Ⅳ. ①TD825②TD163

中国版本图书馆CIP数据核字(2021)第049234号

书　　名	**采煤对山西地下水资源及地质环境影响研究** CAIMEI DUI SHANXI DIXIASHUI ZIYUAN JI DIZHI HUANJING YINGXIANG YANJIU
作　　者	赵喜萍　张志祥　郭凯　著
出版发行	中国水利水电出版社 （北京市海淀区玉渊潭南路1号D座　100038） 网址：www.waterpub.com.cn E-mail：sales@waterpub.com.cn 电话：（010）68367658（营销中心）
经　　售	北京科水图书销售中心（零售） 电话：（010）88383994、63202643、68545874 全国各地新华书店和相关出版物销售网点
排　　版	中国水利水电出版社微机排版中心
印　　刷	清淞永业（天津）印刷有限公司
规　　格	170mm×240mm　16开本　12.5印张　245千字
版　　次	2021年4月第1版　2021年4月第1次印刷
定　　价	**62.00**元

序

山西是我国重要的煤炭基地，山西之长在于煤，山西之短在于水。多年来，煤炭开采为山西乃至全国的经济发展做出了巨大贡献，同时也诱发了地下水资源及地质环境问题，对山西经济社会可持续发展产生了深刻而广泛的影响。因此，加强采煤对山西地下水资源及地质环境影响的研究，提出科学合理的防治和保护对策，关系到山西煤矿区绿色转型和发展，非常有必要进一步开展相关工作。

《采煤对山西地下水资源及地质环境影响研究》的作者赵喜萍教授，长期从事能源和水利信息、智慧城乡、数字经济的跨界研究与实践，几十年如一日，潜心学习、不断进取，荣获“新世纪百千万人才工程国家级人选、享受国务院特殊津贴专家、全国五一劳动奖章获得者、国家重点工程建设一等功、三晋英才高端领军人才、山西省十大杰出女知识分子”等荣誉称号。在山西智慧城乡、大型梯级引调水工程的建设运行和水能源生态协调发展科技创新中，勇立互联网经济、智慧水利和能源革命的时代潮头，为山西社会经济发展做出了卓越的贡献。

该书的内容均为山西煤矿区地下水资源及地质环境研究领域的热点问题，从不同角度系统反映了研究人员最新的研究成果，有针对性地提出了山西煤矿区水环境及地质环境保障措施，在推动采煤对山西地下水资源及地质环境影响研究方面进行了有益的探索，在理论上做了很多创新性及有价值的工作，对山西煤矿区地下水资源防治保护及地质环境治理恢复研究提供科学依据。

该书不仅为水文地质学、工程地质学、环境地质学、地下水科学与工程、灾害地质学等学科的教学和科研工作者提供有益的参考，也是我国煤矿区从事地下水资源及地质环境工作的相关管理人员和技术人员的一本好的参考书。该专著的出版，将对山西乃至全国其他省份煤矿区地下水资源防治保护及地质环境治理恢复的深入开展起到积极的推动作用。

中国工程院院士

2020年11月

前　　言

山西省煤炭资源十分丰富，含煤地层面积约占全省总面积的40%，是我国重要的煤炭能源生产基地之一。由于特殊的自然气象和地形地貌等特征，山西也是我国严重缺水的省份之一，人均水资源占有量381m^3，仅为全国平均水平的1/6，居全国倒数第二，远远低于国际公认的严重缺水界限。多年来，煤炭资源的大规模开采为山西乃至全国的经济建设做出了重要贡献，也对全省煤矿区及其影响范围内的水文地质条件产生了极为明显的不可逆作用，造成地下水资源量减少、泉流量衰减及地下水污染，使本来就十分紧张的山西水资源供需矛盾更加尖锐和突出。此外，山西煤矿区也因开采沉陷产生了崩塌、滑坡、地面塌陷、地裂缝及泥石流地质灾害，并对煤矿区的地形地貌景观及土地资源造成破坏。所有这些问题严重制约着山西经济的转型跨越发展及绿色发展。因此，开展采煤对山西地下水资源及地质环境影响的研究具有重要的理论及现实意义。

为了有效保护山西煤矿区宝贵的地下水资源及地质环境，本书在总结分析国内外文献资料的基础上，采用现场调查、理论分析、相似材料模拟实验及数值模拟等方法，围绕山西采煤所涉及的地下水及地质环境相关理论问题进行了较为系统的研究，并对这些研究成果进行了整理和设计。

全书共分13章。第1章绪论，主要介绍了研究背景及意义、研究现状、研究内容及研究特色；第2章介绍了采煤对山西地下水的破坏机理及其影响因素；第3章主要介绍煤矿开采对含水层地下水资源的影响；第4章介绍了山西煤矿区开采沉陷的形成、特征及影响因素；第5章应用相似材料模拟实验方法，研究多煤层开采覆岩移动及地表变形规律；第6章运用分形几何理论，研究双煤层采动岩体裂隙分形特征；第 7 章应用数值模拟方法，研究煤层开采厚度及弱透水层厚度变化对松散含水层地下水的影响；第 8 章主要介绍煤矿开采对矿区水环境的污染；第 9 章主要介绍采煤诱发的地面塌陷、地裂缝、崩塌、滑坡及泥石流地质灾害；第 10 章主要介绍采煤对山西煤矿区地形地貌景观及土地资源破坏机制；第 11 章以正兴煤矿为例，研究了煤矿建设项目对水环境的影响；第 12 章以豁口煤矿为例，研究了煤矿开采对矿山地质环境的影响；第 13 章探讨了山西煤矿区水环境及地质环境保障措施。

本书由太原理工大学水利科学与工程学院赵喜萍和张志祥撰写，郭凯参与了相关撰写工作。第 1 章、第 2 章、第 3 章、第 5 章、第 6 章、第 7 章、第 11 章、第 12 章由张志祥撰写；第 4 章、第 8 章、第 9 章、第 10 章、第 13 章由赵喜萍撰写。

本书研究成果是在多项科研项目资助下完成的，研究工作得到多位专家学者的热情支持和帮助，并提出了宝贵的修改建议，在此表示诚挚的感谢！在本书写作过程中，作者也参阅了大量的文献资料，引用了许多专家学者的成果，借此机会向所有著作者表示衷心的感谢！

采煤对地下水资源及地质环境的影响，是一个跨学科的极其复杂的科学问题。研究采煤对山西地下水资源及地质环境影响对煤矿区经济社会可持续发展具有十分重要的指导作用，但该领域的许多科学问题仍是未来研究的热点及难点，需要进一步深入研究。由于作者水平有限，书中难免存在一些疏漏及不妥之处，敬请读者批评指正！

作者

2020 年 11 月于太原

目　　录

第1章 绪　论

1.1 研究背景及意义

水资源是一种重要的自然资源，支持着人类社会的生活、农业及工业用水，维持着生态系统的良性健康发展。当今世界所面临的“人口、资源、环境”三大问题，都直接或间接与水资源有关。对此，国内外从事水资源研究的专家们早就指出，即将出现的全球性危机将是水资源危机，全球水资源面临的水量减少及水质污染等水环境问题将成为21世纪世界经济发展最突出的重大问题，这必须引起世界各国政府足够的重视。

随着世界各地人口数量的不断增长和城市化以及工农业的迅速发展，人类对水资源的需求量越来越大。地下水作为一种宝贵的水资源，具有分布广、水质好且不易被污染等优点，被许多国家和地区作为主要的供水水源，被大量开采利用。特别是在地表水稀缺的干旱半干旱国家和地区，地下水是人类消费以及工农业活动的主要水源。根据美国地质调查局的统计资料，全美国约有52.5%的人口依赖地下水作为饮用水源。在欧盟国家，约75%以上的居民饮用地下水。在我国，居民饮用水中有70%以上为地下水，特别是我国的北方地区，大多主要依赖开采地下水用于生活及生产活动等。由此可见，地下水资源对全球人类的生存、工业发展、农业发展和生态系统保护都很重要。

我国能源的开发和利用在国民经济发展中具有无可取代的地位，但在经济社会快速发展的同时，也造成了我国水资源短缺和地质环境问题的日益严重化。据统计，现阶段煤炭在我国的能源结构中占到70%，且在相当长的时期内这种格局不会发生根本性变化。众所周知，煤炭和地下水是同一地质体中的共生资源，采煤会不可避免地对地下水造成不同程度的影响。在我国的煤矿生产过程中，除了正常的矿井排水增加吨煤生产成本外，水害还是除瓦斯和顶板事故之外影响煤矿安全生产的第三大因素，每年都因突水事故等给许多煤矿造成重大的人员伤亡和财产损失。在我国北方的山西、陕西及内蒙古等煤矿区，为了保证煤矿的安全生产，在矿井日常排水及疏干降压的过程中，每年都要抽排大量的地下水，再加之为保障煤矿区范围内正常的工农业生产和居民生活用水而大量开采地下水，致使矿区开采影响范围内的地下水排补关系严重失衡，造成区域地下水位逐年下降，地下水降落漏斗越来越大。与此同时，采煤过程中还形成了大量的酸性矿井水（acid mine drainage，AMD）、含悬浮物矿井水及高矿化度矿井水等，特别是一些闭坑煤矿区的酸性矿井水溢出地表，未经处理直接排入邻近河道。当这些酸性矿井水通过河道渗漏段时，又补给下部含水层地下水，影响区域地下水的水质安全。更为严重的是，多年采煤及其导致的开采沉陷使煤系及周围的地层破断，破坏了含水层、隔水层储集和运移地下水的性能，打破了地下水天然的补给、径流、排泄循环体系，致使煤矿区及其影响范围内的天然水文循环、地下水的可持续利用及其作为重要环境要素作用的发挥受到严重影响。此外，采煤不仅诱发地面塌陷、地裂缝、崩塌、滑坡及泥石流地质灾害，而且还导致地形地貌景观破坏及土地资源破坏等地质环境问题。这些因采煤引发的地下水资源及地质环境问题严重威胁着当地居民的供水、生命安全及经济社会的可持续发展。因此，开展煤矿开采对地下水资源及地质环境影响的研究是非常必要的。

山西素有“煤海”之称，含煤地层面积6.48万km^2，占全省总面积的40%。在全省县一级的118个县（市、区）行政单位中，有94个分布着煤炭资源，占80%。山西有大同、宁武、河东、西山、沁水和霍西6个大煤田和浑源、五台、垣曲、平陆、繁峙、灵丘、广灵及阳高8个煤产地，含煤地层发育良好，从北到南均有赋存。山西煤层形成时代主要为石炭纪（C）、二叠纪（P）和侏罗纪（J），白垩纪（K）及古近纪（E）在一些地带有零星分布。含煤地层自下而上由老到新依次为：石炭系中统本溪组（C_2b）和上统太原组（C_3t）；二叠系下统山西组（P_1s）和下石盒子组（P_1x）；侏罗系中统大同组（J_2d）；白垩系中统庄铺组（K_2z）；古近系（E）。主要可采煤层为太原组、山西组及大同组。山西煤层顶底板均有含水层和隔水层，全省煤矿区自北向南，水文地质条件呈现由简单到中等的变化规律，大同煤田、宁武煤田及河东煤田北部的水文地质条件属简单，局部较复杂；沁水煤田、霍西煤田及西山煤田的水文地质条件属中等，局部复杂。在垂向上，煤系顶板砂岩和石灰岩富水性弱，局部中等，煤层下伏奥陶系石灰岩富水性较强。煤矿区地下水的主要补给来源为大气降水，在局部地段为河水渗漏及地下水侧向补给等。煤矿区地下水的排泄主要以泉水、向平原区侧流及人工开采为主。地下水径流区位于补给—排泄区之间，煤层开采前的地下水运动主要为层流运动。

自20世纪八九十年代，我国开始推行“强化东部，战略西移”的煤炭资源开发战略决策。山西作为煤炭大省，成为全国能源基地的战略中心，同时也是新时期以来向全国发达省份、经济快速发展地区实施“西煤东运，北煤南调”最便捷的煤炭产地，晋煤在市场的份额一度达到80%。多年来，山西煤炭资源持续开采为我国国民经济持续快速发展做出了重要的历史性贡献。然而，多年煤炭资源的大规模开发，已经对山西各地煤矿区的自然生态状况产生极大的扰动，特别是对全省煤矿区及其影响范围内的水文地质条件产生极为明显的不可逆作用，从而严重破坏了地下水资源的自然赋存条件。据现场调查和资料收集分析，山西许多煤矿区煤层上覆的主要含水层因采煤被破坏，地下水资源量持续减少。同时，在煤矿区岩溶地下水疏水降压也对山西的许多岩溶泉水造成了严重影响，泉流量不断衰减。更不幸的是，采煤还造成了山西煤矿区地下水资源的污染，使本来就已经十分紧张的山西水资源供需矛盾更加尖锐和突出。此外，同全国煤矿区一样，山西煤矿区也因开采沉陷产生了崩塌、滑坡、地面塌陷、地裂缝及泥石流地质灾害，同时也对煤矿区的地形地貌景观及土地资源等造成十分严重的破坏。所有这些问题严重制约着山西经济的转型跨越发展及绿色发展。

山西省是我国内陆省份，位于黄河中游东岸，华北平原西面的黄土高原上。东以太行山为界，与河北为邻；西、南隔黄河与陕西、河南相望；北以外长城为界与内蒙古毗连。疆域轮廓呈东北斜向西南的平行四边形。南北间距较长：最南端在芮城县南张村南，北纬 34°34′；最北端在天镇县远头村北，北纬 40°44′。东西间距较短：最东端在广灵县南坑村东，东经 114°33′；最西端在永济市长旺村西，东经 110°14′。全省纵长约 682km，东西宽约 385km，总面积 15.67 万 km^2，占我国国土总面积的 1.6%。

从总体来看，山西省的地貌是一个被黄土广泛覆盖的山地高原。地貌类型复杂多样，有山地、丘陵、高原、盆地及台地等，其中山地、丘陵占 80%，高原、盆地、台地等平川河谷占 20%。大部分地区海拔在 1000m 以上，与其东部华北大平原相对比，呈现为强烈的隆起形势。最高处为东北部的五台山叶头峰，海拔达 3058m，是华北最高峰；最低处为南部边缘运城市垣曲县东南西阳河入黄河处，海拔仅 180m。境域地势高低起伏异常显著。重峦叠嶂，丘陵起伏，沟壑纵横，总的地势是“两山夹一川”，东西两侧为山地和丘陵隆起，中部为一列串珠式盆地沉陷，平原分布其间。东部是以太行山为主脉形成的块状山地，由北往南主要有恒山、句注山、五台山、系舟山、太行山、太岳山和中条山脉及其所属的历山、析城山等，其山势挺拔雄伟，海拔在 1500m 以上。西部是以吕梁山为主干的黄土高原，自北向南分布有七峰山、洪涛山和吕梁山脉所属的管涔山、芦芽山、云中山、黑茶山、关帝山、紫荆山、龙门山等主要山峰，海拔多在 1500m 以上，关帝山海拔最高达 2831m。由北向南珠串着彼此相隔的雁北、忻州、太原、吕梁、阳泉、长治、晋城、临汾及运城九大多字形断陷盆地。全省主体轮廓很像一个“凹”字。

山西省地处中纬度地带的内陆，在气候类型上属于温带大陆性季风气候。由于太阳辐射、季风环流和地理因素影响，山西气候具有四季分明、雨热同步、光照充足、南北气候差异显著、冬夏气温悬殊、昼夜温差大的特点。山西省各地年平均气温在4.2～14.2℃，总体分布趋势为由北向南升高，由盆地向高山降低；全省各地年降水量为358～621mm，季节分布不均，夏季6—8月降水相对集中，约占全年降水量的60%，且省内降水分布受地形影响较大。

山西省境内共有大小河流1000余条，主要特点是河流较多，以季节性河流为主，水量变化的季节性差异大。山西河流源于东西高原山地，向西向南流的属黄河水系，向东流的属海河水系。流域面积在100km^{2}以上的河流有250条；属于黄河水系的有汾河、沁河、涑水河、三川河、昕水河及丹河等142条，流域面积97138km^2，占全省总面积的62%；属于海河水系的有桑干河、滹沱河及漳河等81条，流域面积59133km^2，占全省总面积的38%。黄河沿山西境界流程968km，汾河是山西境内第一大河，黄河的第二大支流。汾河源头为山西省宁武县境内管涔山脚下的雷鸣寺泉。汾河流经忻州、太原、吕梁、晋中、临汾、运城6市的29县（区），干流全长713km，流域面积39721km^2，在万荣县荣河镇庙前村汇入黄河。

由于特殊的自然气象和地形地貌等特征，山西省的水资源具有如下特点：①水资源严重匮乏，单位占有水平低，是我国严重缺水的省份之一；②水资源年际丰枯悬殊，具有连续干旱特点；③水资源时间分布不均，空间丰枯同频；④水资源地区分布不均，开发利用困难；⑤降水、河川径流与地下水“三水”之间的转化频繁并复杂；⑥外来水量少，出省水量大；⑦水土流失严重，河流含沙量大。由此可见，山西省面临着比全国其他省区更为严峻的水资源压力。

山西省是我国主要的采煤大省之一，虽然目前山西正在进行经济结构转型发展，但是由于社会发展摆脱不了对煤炭资源的依赖和需求。有学者估计到2050年，山西省的采煤活动仍然不可能停止。在这种状况下，持续的煤炭开采必然还会对山西煤矿区的地下水资源产生持久和广泛的负面影响，并威胁煤矿区的地质环境和群众安全。因此，必须重视煤矿开采对山西地下水资源及地质环境影响的研究，这不仅具有十分重要的理论及现实意义，而且可为山西煤矿区地下水资源可持续开发利用及保护以及矿山地质环境保护与治理恢复提供重要的理论依据。

1.2 国内外研究现状

从20世纪70年代开始，国内外学者开始关注因采煤引发的地下水问题，并从不同的角度对煤矿区地下水进行了不同程度的研究。

20世纪80年代，国外学者Stoner、Lines及Booth等分别从采煤对区域地下水含水层的影响方面进行了研究；2007年，Booth利用所建立的模型研究后指出，采煤形成的裂隙及离层导致上覆基岩含水层地下水流失到新的裂隙空间，造成含水层由承压含水层转变为潜水含水层；2013 年，Malucha 和 Rapantova 研究了捷克西里西亚煤田上游地区井工开采对第四系含水层水文地质条件的影响，指出采煤造成了松散含水层的破坏，引起区域供水井地下水的普遍流失。

国内关于煤矿区地下水的研究始于 20 世纪 90 年代，众多学者从不同角度就煤炭开采对地下水的影响做了大量的分析和研究。例如，张发旺、李铎等从煤矿区水文地质条件的变化探讨了地下水资源破坏的原因，认为地下水资源破坏是含水层结构破坏及地下水环境演化的结果，并提出了控制地下水资源破坏的理论和技术措施；邵改群以山西省各地的煤矿为例，探讨了煤矿开采对地下水资源的影响程度并进行了有关评价，而且依据山西煤矿开采实际及水资源现状将影响程度分为三类，即采煤对水资源影响轻微区、影响明显区和影响严重区；董东林等根据简单关联法的多前提性，提出层次分析法的可拓评价的改进方法，结合榆神府矿区的实际资料对其水环境进行了有关评价；吴玉生等以山西的沁水煤田为例，对煤矿开采后地下水资源数量和质量进行了分析，并对地下水流失量的计算进行了讨论；武强等以太原西山矿区为例，探讨了煤矿开采对河川径流以及煤矿排渣对水源的影响，分析了煤矿区酸性水的形成机制；李涛等采用相似材料模拟实验研究表明，陕北近浅埋煤层开采造成了潜水含水层水位动态周期性骤降，形成了以采空区为中心的地下水位降落漏斗；陆家河和舒征山在分析采煤排水量、降水量及开采面积等因素的基础上，得到了太原西峪煤矿井田含水层地下水资源量的破坏模数，求出了采煤破坏的含水层资源量；时红和张永波根据采煤对地下水资源量破坏的相关公式，评价了山西六大煤田因采煤破坏的地下水的静储量和动储量；李鹏强和张永波以开滦集团北阳庄煤矿为例，阐述了采煤对地下水资源的破坏，包括含水层的破坏程度、排水量及地下水影响范围等。

此外，国内许多学者在煤矿开采后覆岩导水裂隙带高度预测、顶板突水分析等方面做了大量的研究工作，取得了许多有价值的研究成果。例如，马亚杰、许家林、施龙青、刘英锋等分别对采煤覆岩导水裂隙带发育高度进行了研究，为含水层下采煤试验工作提供了科学依据；钱鸣高、谢和平、张永波、张志祥等研究了煤层采动岩体裂隙分布、演化规律及其分形特征，为认识采动岩体裂隙形成矿井顶板突水通道提供了理论依据；景继东、许家林、王晓振等进行了煤层顶板的突水预测，为煤矿区的突水评价和矿井水害控制提供了重要参考。然而，以上成果多是从矿井安全角度研究顶板突水问题，重点关注的是采煤形成的覆岩导水裂隙带以下的含水层，很少关注导水裂隙带以上的松散含水层。此外，焦阳、白海波等以潞安集团漳村煤矿为背景，通过经验公式计算、数值模拟以及现场实测等方法，研究煤层采高 6m、不同开采深度（浅部、中部、深部）条件下，导水裂隙带发育规律以及对松散含水层的影响。但是，该研究成果以覆岩导水裂隙带是否破坏松散含水层隔水底板作为对松散含水层是否有影响的判据，显然没有考虑松散含水层有可能通过弱透水层越流排泄，这明显和现实情况有所不符。

目前，数值模拟方法已成为定量研究煤矿开采对地下水资源影响程度的重要手段，被国内学者广泛采用。例如，张凤娥和刘文生建立了平面二维地下水渗流模型，预测了大柳塔井田采煤对地下水流场的变化趋势，指出采煤造成了矿坑排水量增加、地下水循环途径改变及含水层被人为疏干；李治邦和张永波应用 Visual Modflow 软件模拟襄垣煤矿开采对二叠系下石盒子组砂岩裂隙含水层的影响，预测了地下水位的降深及影响面积；邓强伟和张永波通过数值模拟方法预测了朔州大恒煤矿上覆煤系含水层地下水降落漏斗的扩展情况；陈时磊等进行了陕西大海则煤矿疏干条件下三维地下水数值模拟研究，预测了地下水位疏降至 2 号煤底板的涌水量；兰荣辉等建立了太原西山煤田某煤矿地下水三维承压非稳定流模型，对矿区的太灰和奥灰岩溶裂隙水的水位动态进行了预测分析。这些研究成果为山西及各地煤矿区地下水资源保护提供了参考和依据。

我国许多煤矿区的地质环境十分脆弱，在采煤过程中出现了地质灾害、含水层破坏、地形地貌景观破坏及土地资源破坏等矿山地质环境问题，不仅使矿区地质环境承载力下降，而且严重影响矿区群众的生活和生产。由于我国煤炭资源丰富，在未来一段时间内，以煤炭为主的能源结构依然不会改变，因采煤造成的矿山地质环境问题及防治工作将会非常严峻。如果有关部门不给予足够重视，必将造成矿山地质环境向恶性方向循环。因此，煤矿区矿山地质环境问题及防治研究已成为我国矿山地质环境研究领域中一项重要任务。

国际上一些发达国家，如美国、澳大利亚、英国及加拿大等，对矿山地质环境问题的研究及防治均十分重视，大多能在灾变初期进行有效治理，到矿山闭坑时各种治理也基本同步完成。近年来，我国国土部门加大了对矿山地质环境的治理力度，取得了一定的成效。同时，矿山地质环境问题的研究也受到学者们的高度重视。例如，张和生等对采矿引起的地质灾害及其对矿区生态环境的影响进行了研究；曹金亮等对山西省矿山地质环境问题进行了研究；葛民荣等对西山煤田古交矿区地质灾害进行了研究；余中元等对新疆矿山地质环境问题进行了研究；徐友宁等对生态环境脆弱区采煤地质环境问题进行了研究；武强等对矿山地质环境治理模式进行了研究；郭维君等对我国矿山地质灾害主要类型进行了研究；何芳等对我国矿山地质环境问题区域分布特征进行了研究。这些研究成果都具有很高的学术价值及科学意义，为指导矿山地质环境问题的研究及矿山地质环境保护与治理恢复等提供了参考。

尽管学者们在煤矿开采对地下水资源及地质环境影响方面取得了各种有价值的研究成果，但是有关煤矿开采对地下水资源及地质环境影响的系统性综合成果还相对较少，特别是采煤对山西地下水资源及地质环境影响仍有待进一步深入研究。

1.3 本书研究的主要内容

本书的目的是有效保护山西煤矿区宝贵的地下水资源及地质环境，避免地下水资源及地质环境的进一步破坏。在总结分析前人关于采煤对地下水及地质环境影响等研究成果的基础上，根据山西煤矿区的地质、水文地质条件及地质采矿条件等，结合山西煤矿区多年来地下水资源及地质环境破坏的实际状况，本书重点开展以下 12 个方面的研究。

1. 采煤对山西地下水的破坏机理及其影响因素

山西省煤田及煤产地众多，各地地质采矿条件及水文地质条件都有一定差异，对煤系地层的裂隙含水层及其上覆松散含水层地下水的破坏机理也有所不同。结合山西各地煤矿开采对地下水破坏的实际，在总结分析前人研究成果及现场调查、资料分析的基础上，开展采煤对山西地下水破坏机理及其影响因素的研究，为山西各地采煤对地下水资源影响提供理论上的依据。

2. 煤矿开采对含水层地下水资源的影响

山西煤矿区的含水层较多，有孔隙含水层、裂隙含水层及岩溶含水层。多年的煤矿开采已经不同程度地对山西煤矿区各类含水层造成了影响，使含水层结构、含水层储存量及地下水位等发生了很大变化。在野外调查和收集山西煤矿区地质、水文地质及采矿条件等资料的基础上，从煤矿开采对矿区水资源的破坏类型、煤矿开采对水资源量的破坏、煤矿开采改变地下水循环、煤矿开采下地下水位的变化形式、煤矿开采对上覆含水层影响因素、导水裂隙带发育影响因素及高度计算、煤矿开采底板突水及影响因素、煤矿开采对山西岩溶大泉流量影响 8 个方面系统开展山西煤矿开采对含水层地下水资源影响的研究，为煤矿区地下水资源的有效保护奠定基础。

3. 山西煤矿区开采沉陷的形成、特征及影响因素

山西各煤矿区主要地处山区，且大多数是以井工开采方式为主。煤矿开采后形成了地下采空区，必然会导致煤矿区及其影响范围内地表开采沉陷的形成。在实地调查及分析山西各大煤田多年煤炭开采沉陷的基础上，研究山西煤矿区开采沉陷的形成，分析开采沉陷的特征，研究开采沉陷的影响因素，为煤矿区煤炭资源的安全开采提供科学依据。

4. 多煤层开采覆岩移动及地表变形规律的相似模拟实验

山西大多数煤矿区的可采煤层较多，为了有效利用宝贵的煤炭资源和避免人力物力的浪费等，大多数煤矿都按照设计进行多煤层开采。由于多煤层开采

的覆岩移动及地表变形规律与单煤层开采有一定程度的差异，对其进行研究是十分必要的。本书以山西省柳林县康家沟煤矿采矿地质条件为原型，采用相似材料模拟实验方法，对多煤层开采引起的覆岩移动及地表变形规律进行了研究，以期为多煤层采空区的防治提供理论依据。

5. 双煤层采动岩体裂隙分形特征实验

在山西的一些双煤层开采矿区，采空区上覆岩体中虽然形成了竖向裂隙及离层裂隙，但这与单煤层的裂隙发育及分形特征都有一定差异，并且这些裂隙也影响含水层地下水渗流、采空区的稳定性及土地资源利用等，因此开展双煤层采动岩体裂隙分形特征研究也是非常必要的。本书以山西省柳林县同德煤矿采空区为地质原型，利用相似材料模拟实验再现双煤层采动岩体裂隙的发育过程，运用分形几何理论研究采空区冒落带、裂隙带的岩体裂隙分形特征，为含水层地下水沿采动裂隙下渗、双煤层采空区地基稳定性评价及采空区充填注浆设计提供科学依据。

6. 煤层开采厚度及弱透水层厚度变化对松散含水层地下水影响的数值模拟

山西地处黄土高原，在许多厚黄土覆盖煤矿区，当地群众的供水含水层主要为松散含水层。一旦这些松散含水层地下水因煤矿开采受到影响，将加剧居民的生活用水压力，并影响社会的和谐稳定和绿色发展。为探讨山西厚黄土覆盖区煤层开采厚度及弱透水层厚度变化对松散含水层地下水的影响，以某典型煤矿的工作面为背景，通过地层分析及概化，建立以松散含水层为模拟目标层的一维地下水流数值模拟模型，运用基于有限差分法的 Visual Modflow 软件研究煤层开采厚度及弱透水层厚度变化对松散含水层地下水位的影响，分析采煤对松散含水层地下水的疏干影响，为山西厚黄土覆盖煤矿区松散含水层地下水的保护提供理论依据。

7. 煤矿开采对矿区水环境的污染

山西煤矿的多年开采不仅对各类含水层地下水位及水资源量产生了严重影响，而且也造成许多矿区地下水水质的污染，特别是闭坑煤矿区酸性矿井水的形成，加剧了当地煤矿区水环境的恶化。在野外调查和收集山西煤矿区地下水污染等资料的基础上，从采煤污染物种类与特征、采煤对水环境的污染方式、采煤对水环境污染机理三方面分析煤矿开采对水环境的影响，为山西煤矿区水污染的防治奠定基础。

8. 采煤诱发的地质灾害类型及其特征

多年来，采煤已经导致山西煤矿区产生了大量的地面塌陷、地裂缝、崩塌、滑坡及泥石流地质灾害，严重影响矿区居民的生产、生活、安全及社会的和谐稳定。在现场调查及资料收集的基础上，分析多年来山西煤矿区井工开采诱发的地面塌陷、地裂缝、崩塌、滑坡及泥石流地质灾害类型及其特征，为煤矿区地质灾害的有效防治提供理论依据。

9. 煤矿开采对地形地貌景观及土地资源的破坏

在山西各煤矿区，除采煤地质灾害外，多年采动也导致矿区出现了大量的地形地貌景观破坏及土地资源破坏。在现场调查及资料收集的基础上，分析山西采煤对地形地貌景观与土地资源破坏机制、井工开采对地形地貌景观与土地资源的破坏、露天开采对地貌景观与土地资源的破坏及矿区固体废弃物压占对土地资源的破坏，为煤矿区矿山地质环境保护与治理恢复提供理论依据。

10. 实例1：正兴煤矿建设项目水环境影响评价

为了进一步阐明山西煤矿建设项目对水环境的影响，本书以偏关县正兴煤矿建设项目为例，在现场调查及对地质报告、矿井开采设计等分析的基础上，进行了采煤对地表水环境影响评价、采煤对地下水环境影响评价、采煤对矿区生产生活水源的影响评价及固体废弃物对水环境的影响评价，并依据评价结果提出了正兴煤矿区水环境保护措施。研究成果为正兴煤矿及类似矿山水环境的有效保护及防治提供参考。

11. 实例2：豁口煤矿矿山地质环境影响评估

为了进一步阐明山西煤矿开采对矿山地质环境的影响，本书以临汾市豁口煤矿为例，通过现场踏勘，在分析矿区地形地貌、地质、水文地质及煤层开采等资料的基础上，从地质灾害、含水层破坏、地形地貌景观破坏及土地资源破坏四个方面进行了矿山地质环境影响的现状评估及预测评估研究。依据评估结果，进行了豁口煤矿矿山地质环境保护与治理恢复分区，提出了矿山地质环境防治工程。研究成果为豁口煤矿及类似矿山地质环境保护与治理恢复提供科学依据。

12. 山西煤矿区水环境及地质环境保障措施

多年来，采煤已经给山西煤矿区造成了地下水资源减少、地下水污染及地质环境破坏等问题，如果不给予足够重视，将会使山西煤矿区十分脆弱的水环境及地质环境更加恶化，严重阻碍山西经济的可持续发展及转型跨越发展。为了减轻山西煤矿区的水环境及地质环境问题，结合山西煤矿开采的实际，提出山西煤矿区水环境及地质环境保障措施，不仅能有效保护煤矿区宝贵的地下水资源及地质环境，而且能确保当地群众的安全及社会的和谐稳定。

1.4 本书特色

1. 针对性

本书从山西煤矿开采对地下水资源及地质环境破坏这一事实出发，针对多年煤矿开采对山西地下水资源及地质环境所涉及的关键科学问题进行基础研究，目的是为保护山西煤矿区地下水资源及地质环境提供基础理论。

2. 前瞻性

本书根据山西煤矿开采对地下水资源及地质环境影响的实际情况，从采煤对地下水破坏机理及其影响因素，煤矿开采对含水层地下水资源影响，山西煤矿区开采沉陷的形成、特征及影响因素，多煤层开采覆岩移动及地表变形相似模拟实验，双煤层采动岩体裂隙分形特征实验，煤层开采厚度及弱透水层厚度变化对松散含水层地下水影响数值模拟，煤矿开采对矿区水环境的污染，采煤诱发的地质灾害类型及其特征，煤矿开采对地形地貌景观及土地资源的破坏等方面进行基础理论研究，并以正兴煤矿建设项目水环境影响评价研究及豁口煤矿矿山地质环境影响评估研究为例，分别分析采煤对水环境及地质环境的影响，最后提出了山西煤矿区水环境及地质环境保障措施，将为山西煤矿区水环境及地质环境保护奠定理论基础，具明显的前瞻性。

3. 综合性

本书充分体现多学科交叉的特点，涉及水文地质学、工程地质学、环境地质学、水文学、采煤学、开采沉陷学、矿山地质灾害学等多学科理论与方法。结合已掌握的山西煤矿区地下水资源及地质环境破坏具体案例和有关水文地质信息，采用现场调查、理论分析、相似材料模拟实验、数值模拟计算等多种方法进行具体理论研究，理论与实际相结合，可使研究的理论真正对山西煤矿区地下水资源及地质环境保护发挥科学的指导作用。

4. 系统性

本书围绕山西煤矿区多年开采所涉及的基础理论问题进行较为完善和系统的研究，可形成一套完整的关于山西煤矿开采对地下水资源及地质环境影响的理论。

第2章　采煤对山西地下水的破坏机理及其影响因素

众所周知，煤炭和地下水是同一地质体中的共生资源。在我国山西、陕西、内蒙古等中西部地区的煤矿区，地下水是当地居民开发利用的宝贵资源，但采煤造成许多矿区出现了含水层结构破坏、地下水位下降及地下水资源量减少等问题，严重威胁群众的供水安全。多年来，国内外学者非常重视煤矿区的地下水问题，这是因为地下水资源和人们的生活息息相关。山西省煤多水少，采煤对地下水资源破坏问题也格外受学者们的关注。为确保山西省煤矿区地下水资源的可持续开发利用，有必要开展煤矿开采对山西地下水破坏机理及其影响因素研究，对煤矿区地下水资源保护具有非常重要的理论及现实意义。在总结前人关于采煤对地下水影响研究成果的基础上，根据山西煤矿区的地质条件和水文地质条件，结合矿区地下水资源破坏的不同方式，开展煤矿开采对山西地下水的破坏机理及其影响因素研究，可为山西煤矿区地下水可持续开发利用及保护提供科学依据。

2.1　煤矿开采对地下水破坏机理

山西省煤矿众多，虽然各地地质采矿条件及水文地质条件有较大的差异，但煤矿开采对山西地下水破坏的机理却具有普遍性。结合山西各地多年来煤矿开采对地下水的破坏实际，煤矿开采对山西地下水的破坏存在机理不同的两部分，现分别论述如下。

1. 导水裂隙带以下含水层地下水的破坏

对于山西煤田的大部分煤矿区，主要开采太原组及山西组的煤层。天然条件下，煤层上覆含水层地下水的补给、径流、排泄条件不发生变化，保持着动态均衡。采煤前，煤层上覆岩层处于原始应力平衡状态。当采煤形成一定规模的采空区后，上覆岩层的原始应力平衡状态被打破，在煤层持续采动的影响下，上覆岩层依次发生变形、离层、破裂及垮落，在采空区上方由下至上形成了“三带”，即冒落带、裂隙带及弯沉带，其中的冒落带和裂隙带统称为覆岩导水裂隙带。当采煤覆岩导水裂隙带导通所达到的上覆各含水层，即煤系含水层、煤系上覆含水层，就会对导水裂隙带以下各含水层结构造成不同程度的破坏，形成地下水导水通道，打破含水层地下水的天然循环条件，改变地下水的径流特征。在地下水受采煤影响范围内，导水裂隙带以下各含水层的地下水通过采动裂隙直接进入井下，导致上述含水层地下水位下降和水资源量疏干。

2. 厚黄土覆盖区松散含水层地下水的破坏

山西省地处黄土高原，存在一定规模的厚黄土覆盖区，如长治、吕梁和忻州等地区。这些区域往往存在厚度较大、水质良好、水量较丰富的松散含水层，成为支撑当地国民经济发展的主力含水层，是居民生活用水最重要的供水水源，在山区甚至是唯一的水源。同时，在厚黄土覆盖区还存在许多煤矿，其煤层埋藏相对较深，大部分煤矿开采形成的导水裂隙带直接导通煤系含水层，对煤系含水层造成直接影响，但煤矿开采形成的导水裂隙带往往没有触及上覆松散含水层的隔水底板，对松散含水层不产生直接影响。由于采煤造成导水裂隙带以下含水层地下水位的下降，加大了松散含水层与下伏含水层之间的水头差，虽然导水裂隙带到达松散含水层及其隔水底板还有一定的距离，但在水压力作用下，松散含水层地下水将会通过弱透水层以越流的方式向下渗漏，随着采煤时间的持续，厚黄土覆盖区松散含水层地下水位下降甚至被疏干，松散含水层地下水最终遭到破坏。

2.2　煤矿开采对地下水影响因素

1. 水文地质条件复杂程度

山西大部分煤矿区的水文地质条件为简单至中等，个别煤矿区的水文地质条件较复杂，这不仅决定着煤矿区含水层的富水程度，而且影响煤矿开采对地下水资源破坏量的大小。由于山西煤矿区水文地质条件复杂程度不同，当覆岩导水裂隙带到达所直接影响到的上覆含水层时，对地下水的破坏主要存在3种形式：①当水文地质条件简单，含水层富水性弱，采煤对地下水破坏量较小；②当水文地质条件中等，含水层富水性中等，采煤对地下水破坏量中等；③当水文地质条件复杂，含水层富水性强，采煤对地下水破坏量较大。但不论煤矿区水文地质条件是简单、中等，还是复杂，在采煤造成含水层结构破坏条件下，都会引起山西各地煤矿区含水层地下水位的下降或含水层的疏干，形成以采空区为中心的地下水位降落漏斗。为了确保煤矿的安全生产，下渗到采空区的地下水最终以矿井水形式被排走，对地下水造成浪费。

2. 地质构造

根据山西煤矿区地质资料，各矿区都不同程度地存在一些断层，这些断层主要包括张性或张扭性断层、压性或压扭性断层以及扭性断层。当断层进入煤层上覆含水层时，由于其力学性质不同，在采煤时对含水层地下水破坏的影响也有所不同。张性或张扭性断层多为正断层，由于其具有导水性，起着沟通含水层地下水的作用，对地下水往往造成破坏。压性或压扭性断层多为逆断层，由于其透水性较差，往往起着阻隔地下水的作用，一般对含水层地下水不会造成破坏，但在一些特殊的煤矿区，部分压性或压扭性断层在构造运动作用下可能转变为张性断层，也会对含水层地下水造成破坏。扭性断层多为平移断层，由于其具有导水性，采煤时同样会对含水层地下水造成破坏。调查表明，在山西的一些张性或张扭性断层、扭性断层较多的煤矿区，因采煤造成的含水层地下水资源破坏量相对较大。

3. 煤层埋深

一个煤矿区煤层埋深的大小，往往决定了采煤导水裂隙带是否发育到煤层上覆含水层，是否对含水层的隔水底板及含水层本身产生破坏等。据调查和地质报告分析，山西大部分煤矿区的地层相对比较平缓。对于同一含水层，煤层埋深往往影响含水层地下水破坏量的大小。当煤层埋深小，覆岩导水裂隙带发育高度越易到达上覆含水层，对含水层地下水的破坏量相对要大；当煤层埋深大，覆岩导水裂隙带发育高度不易到达上覆含水层，采煤影响不到含水层或对含水层地下水的破坏量相对要小。山西煤矿区多年采煤实践已大量证实，同一地区同一煤层埋深的不同，对含水层地下水的破坏量有着很大差别。

4. 煤层厚度

煤层厚度的大小往往决定了覆岩导水裂隙带的发育高度。对于同一开采煤层，煤层厚度越大，按经验公式计算的导水裂隙带高度就越大；反之就越小。在上覆含水层到煤层距离一定的情况下，当煤层厚度较小，采动覆岩破坏产生的导水裂隙带高度往往达不到上覆含水层，含水层地下水位不下降或下降幅度较小，对地下水不会造成影响或影响较小；当煤层厚度较大，采动覆岩破坏产生的导水裂隙带高度往往导通了上覆含水层，造成含水层地下水位大幅度下降或含水层疏干，对地下水造成的影响较大。这种情况已在山西许多煤矿区得到了验证，在一些开采煤层厚度大的区域，上覆含水层地下水往往因采煤而被彻底疏干，造成含水层供水井无水可抽而报废，居民用水受到严重影响。

5. 覆岩裂隙发育分布

煤矿采空区覆岩裂隙发育分布对采动岩体的渗透性起着决定作用，不仅影响采动岩体的渗透系数，而且决定采煤影响到的上覆含水层地下水资源破坏量的大小。在采空区冒落带、裂隙带的不同部位，由于采动覆岩裂隙发育的不同，其对含水层地下水的渗透影响也是不同的。张永波等对山西厚黄土覆盖煤矿区采动岩体裂隙发育的研究表明，采空区不同部位岩体的渗透系数与裂隙率之间存在一定的相关关系：当覆岩裂隙发育较弱，岩体裂隙率较小，其渗透系数就小，地下水渗透速度相对较慢，对上覆含水层地下水造成的破坏量较小；当覆岩裂隙发育强烈，岩体裂隙率大，其渗透系数就大，地下水渗透速度相对较快，对上覆含水层地下水造成的破坏量大。

6. 含水层渗透性

在煤层厚度和煤层埋深一定的情况下，煤矿开采对山西煤矿区含水层地下水的影响还与含水层的渗透性有关。对于覆岩导水裂隙带以下的各含水层，导水裂隙的存在及含水层结构的破坏造成地下水的渗漏。但因含水层渗透性的差异，在富水性一定的情况下，地下水的渗漏及地下水位下降速率深受含水层渗透性的影响。一般而言，覆岩导水裂隙带以下含水层的渗透系数较小，受采煤破坏的地下水量相对较小，含水层地下水位最大降深产生时间或含水层疏干时间相对较长；覆岩导水裂隙带以下含水层的渗透系数越大，受采煤破坏的地下水量相对较大，含水层地下水位最大降深产生时间或含水层疏干时间相对较短。

7. 隔水层性质

在山西厚黄土覆盖煤矿区，第三系、第四系松散含水层下部往往存在一定厚度的黏土隔水层。当覆岩导水裂隙带未触及这些松散含水层及其隔水底板时，含水层隔水底板的厚度及渗透性往往对采煤未直接影响到的松散含水层地下水的变化有着较大影响。当隔水底板的厚度较大或渗透系数较小时，一般不会造成松散含水层地下水发生越流，含水层地下水位基本保持不变，对地下水造成的影响小或无影响；当隔水底板的厚度较小或渗透系数较大时，往往造成松散含水层地下水通过越流方式向下渗漏，引起松散含水层地下水下降，含水层最终被疏干，对地下水造成的影响大。这种情况已经被许多厚黄土覆盖煤矿区如长治地区及吕梁地区大量的采煤事实所证实。据这些煤矿区地下水位长期观测结果，采煤已经造成松散含水层地下水位大幅度下降或含水层疏干，使供水井及水源地干枯，造成居民吃水困难，只能买水用于生活。

8. 降水量

一个地区降水量的多寡决定着含水层地下水的丰富程度。对山西煤矿区来说，每年7—10月的降水量较大，各含水层得到降水的天然补给量相对较大。在覆岩导水裂隙带高度导通上覆含水层的情况下，由含水层渗漏进入矿井的地下水量增多，造成雨季时含水层地下水的破坏量增大。然而，在每年的其他月份，由于降水量相对较小，采煤破坏的地下水不能及时得到补给，主要消耗含水层中已有的地下水储存量；同雨季月份比较，对含水层地下水的破坏量明显减少。根据山西煤矿区多年矿井排水量资料分析，雨季月份的排水量相对较大，充分说明降水量大时对山西含水层地下水的破坏量大。

9. 采煤阶段

对于山西煤矿区因覆岩导水裂隙带导通的同一含水层，采煤阶段的不同，对含水层地下水的影响也有所不同。在煤矿开采的初期，随着采煤时间的延长，含水层地下水位持续下降，地下水破坏量逐渐增大。为确保安全生产，大量进入采空区的地下水以矿井水的形式被排走。到煤矿开采的中、后期，当含水层有足够的补给来源时，地下水位降落漏斗趋于稳定，含水层地下水的补给量与排泄量达到相对平衡；当含水层无足够的补给来源时，含水层地下水逐渐被疏干。当煤矿闭坑停采后，不再进行矿井排水，在以采空区为中心的含水层地下水影响范围内，地下水位随着时间的延续不断上升，最终到达或接近煤矿开采前的地下水天然状态水位。

10. 采煤面积

山西各煤田的地质报告显示，许多煤矿区的煤层上覆含水层富水性相对较弱。当上覆含水层富水性一定，在煤矿开采的初期，随着煤层开采面积的增大，导水裂隙带所影响到的含水层地下水的破坏量是逐渐增大的。当煤层开采面积达到一定范围后，含水层地下水的破坏量基本保持不变，即随着开采面积的增大，含水层中地下水的破坏量是一定的。而后随着开采面积的进一步增大，由于含水层的地下水得不到及时补给，采煤对地下水的破坏量呈下降趋势，含水层地下水逐渐被疏干。尽管随着采煤面积的增大，含水层地下水的破坏在采煤各时期呈现不同的变化特征，但含水层地下水破坏总量却是随着煤矿区采煤面积的增大而增大，直至含水层地下水被彻底疏干。

2.3 结　　论

（1）山西煤矿开采对地下水的破坏存在机理不同的两部分：导水裂隙带以下含水层地下水的破坏和厚黄土覆盖区松散含水层地下水的破坏。与前人成果相比，本次研究重视了厚黄土覆盖区煤矿开采因松散含水层越流造成的地下水破坏问题。

（2）山西煤矿开采对地下水破坏与水文地质条件复杂程度、地质构造、煤层埋深、煤层厚度、覆岩裂隙发育分布、含水层渗透性、隔水层性质、降水量、采煤阶段及采煤面积这 10 种主要影响因素有关，更能反映出山西煤矿开采对地下水资源破坏的实际。

（3）为确保山西省煤矿区地下水资源的可持续开发利用，矿方必须采取合理的采煤方案，最终实现保水采煤。

第3章　煤矿开采对含水层地下水资源的影响

对于山西各煤矿区，在天然状态下的一个水文地质单元区内，地下水运行包括补给、径流、储水、排泄等环节。在径流和储水条件不变的情况下，或者说在地貌、植被、岩性、构造等条件不变的情况下，含水层地下水排泄量的变化往往受控于补给量的变化，这个过程循环进行。当煤层井工开采时，在地面以下形成纵横交错的垂向竖井、水平向巷道、不同角度的斜井及斜巷道、不同开采面以及不同采掘深度的采空区等。这些井、巷道和采空区相互贯通，穿越了各类含水层和隔水层，破坏煤系上覆岩层的原始应力，改变原先煤系地层及上覆松散层中地下水的运行状态。如果采动覆岩导水裂隙带达到地表，就会使地表水与井下连通，在一定程度上改变了地面降水的径流与汇水条件，使地表水通过采煤地裂缝渗入地下，引起河流水系流量的减小，严重时地表河流水系甚至出现断流现象；如果采动覆岩导水裂隙带达不到地表，但达到了煤系地层中某一个上覆含水层，就会使该含水层结构遭受破坏，改变含水层中地下水的径流特征，使地下水最终渗漏汇入井下，形成矿坑水或矿井水。

3.1　采煤对煤系上覆含水层影响因素

1. 采煤方法

对山西煤矿区，采煤方法主要为工作面宽度、回采率大小及煤层顶板的管理办法等。各矿区采煤方法不同，对煤系上覆含水层的影响就存在很大差异。当采用支护法管理顶板时，由于采煤工作面较窄，煤炭回采率较低，采煤影响下的顶板岩层的变形程度较小，对上覆含水层结构破坏则相对较低。相反，当矿区采用全陷落法管理顶板时，顶板岩层的天然平衡状态被完全破坏，出现了岩体的开裂、移动及塌陷，使原本为隔水层的顶板覆岩转变为透水层，在采动裂隙导通上覆含水层的情况下，使得含水层中地下水通过顶板裂隙进入采空区发生汇集。近年来，山西各煤矿区大多采用全陷落法管理顶板，由于采煤工作面宽，回采率大，对煤系上覆含水层破坏则相对较大，这种状况已在许多煤矿区得到了证实。

2. 顶板结构特征

在山西煤矿区，顶板结构特征主要是指可采煤层上覆岩层的岩性、厚度、倾角及力学性质等。顶板结构特征不同，采煤导致的岩层开裂强度、覆岩导水裂隙带高度及地面开采沉陷范围会有很大差异。如果顶板岩层属于连续性好、厚度较大且倾角平缓的坚硬岩层，则顶板受采动影响的破坏程度就较轻，相应地，煤系上覆含水层结构受采动影响的破坏程度也较轻。相反，如果顶板岩层属于连续性差、厚度较小且倾角较陡的软弱岩层，则煤系上覆含水层结构受采动影响的破坏程度就较大。

3. 地质构造

山西各煤矿区都发育有一定规模的地质构造，主要包括褶皱及各类张性、扭性断层等。在煤炭开采条件下，随着采空区面积的逐渐扩大，采空塌陷面积也进一步增大，造成煤矿区的褶皱和断层形态不断发生变化，断层及裂隙进一步发育。这种情况下，不论导水断层还是原来的不导水断层，其渗透能力也会进一步随着裂隙的增多而增强，造成煤系上覆含水层与隔水层关系发生很大改变，并逐渐造成煤系含水层结构的破坏。

3.2 煤矿开采改变地下水循环

天然条件下，山西煤矿区的地下水循环主要体现为大气降水及地表水的入渗补给、含水层地下水从高水头向低水头径流、在适当地段以泉水形式排泄以及蒸发排泄。据调查和分析煤矿开发利用方案，除平朔等少量煤矿区为露天开采外，山西绝大多数煤矿都为井工开采。在井工开采条件下，对煤系含水层的影响最为强烈，地下水循环的自然状态被完全打破。随着煤层开采时间的延续以及采空区面积的逐渐增大，含水层中地下水的补径排发生了很大变化。据山西许多煤矿的统计资料，几乎所有井工开采矿区都存在煤系含水层因结构破坏造成地下水通过采动覆岩导水裂隙下渗进入矿井，含水层地下水位呈整体下降趋势。此外，在整个煤层开采期内，由于存在矿井的持续排水，也改变着地下水的循环。山西煤矿区地下水循环改变主要表现如下：

1. 破坏地表水与地下水的水力联系

煤层开采前，山西煤矿区的地表水与地下水的补给关系是比较稳定的。在采煤活动影响下，当覆岩因破坏变形而发育的导水裂隙带逐渐上升并延展到地面，加上地面沉陷及地裂缝的影响，地表水沿着覆岩导水裂隙带向下流动并聚集在采空区与矿井水混合，这必然造成煤矿开采影响区内的河流及（或）水库水资源量的减少。一旦采空区的各种积水被排出而汇入矿区的地表水体中，造成无法判断各自来水的数量，这完全破坏了煤矿区地表水与地下水的水力联系。

2. 加速大气降水和地表水的垂直入渗

天然条件下，山西煤矿区的各类含水层中存在一定的地下水储存量。在降水和地表水的补给下，含水层储存量进一步增加，使得地下水位呈现上升波动趋势，但地下水主要以横向运动为主，其运动速度相对较慢，造成地下水从补给区到排泄区的径流时间相对较长，在地下水位埋深较浅的情况下还有利于地下水蒸发。当山西煤矿区大规模井工开采时，在采煤活动影响下，各类含水层结构遭受破坏，造成地下水储存量持续被排出，地下水位逐渐下降，致使煤矿区各类地下水降落漏斗的空间范围增大，且地下水的运动速度增大，其运动方向由横向改变为垂向。由于各类地下水的补给来源以大气降水和地表水为主，在采动覆岩导水裂隙带、地裂缝以及地面塌陷的沟通下，进一步加速大气降水和地表水的垂直入渗。

3. 区域地下水循环更加复杂

山西各煤田的开采煤矿众多，许多相邻或上下游煤矿彼此之间的联系是十分密切的。例如，上游煤矿排泄的矿井水及废污水进入煤矿区所在地的河道中流动，一旦存在河道渗漏段，这些矿井水及废污水又补给下游煤矿地下水。由于矿井水在人为作用下积极参与地下水循环，彻底改变了煤矿区原有的“三水”转化关系，造成采煤影响区内的地下水循环十分复杂。实际上，山西煤矿区矿井水主要来源于地表水及煤层上覆裂隙含水层及/或孔隙含水层地下水。煤矿区矿井水的大量排放不仅加速了地表水及地下水的下渗速度，而且造成煤矿所在流域内地表水与地下水比例不断变化，最终导致区域地下水循环更加复杂。

3.3 煤矿开采下水资源的破坏类型

1. 对地表水资源的破坏

由于山西各煤矿大多地处山区，矿区的地形条件十分复杂，地形起伏及高差较大。虽然这些煤矿区的沟谷十分发育，但由于地处干旱半干旱的我国北方，大部分时段这些沟谷是干涸的，只有雨季降雨量大时主要沟谷才汇有一定数量的流水。但在少数煤矿区，也有一定的常年性大河流。根据山西煤矿开采的安全设计要求，一般情况下，这些煤矿开采至矿区河床附近时，都按照要求留有一定的保安煤柱。实际上，山西煤矿区的大部分河床底部与下伏煤层之间存在一定厚度的隔水层，河水不能下渗。当开采沉陷不波及地表时，采煤对地表水资源的影响相对较小。当煤层采空区的面积逐渐扩大，开采沉陷波及地表时，采空区上部地表出现地面塌陷和地裂缝，与矿区的河流等地表水系发生水力联系，地表水逐渐下渗并进入采空区形成矿井水，随着采煤时间的持续，开采沉陷影响区的地表水资源因采动而破坏。

2. 对煤层上覆裂隙水资源及孔隙水资源的破坏

根据调查和资料分析，山西六大煤田各煤矿开采形成的冒落带和裂隙带，直接影响矿区煤系地层的裂隙水资源及其上覆地层的孔隙水资源。在采煤过程中，为确保安全，一些煤矿区往往存在对含水层地下水的疏干排水，这实际上改变了煤矿区裂隙地下水及孔隙地下水的天然流场及其原有的补给、径流、排泄条件，加上采动覆岩导水裂隙带的沟通，保护含水层的隔水层最先被破坏，造成煤系裂隙含水层及其上覆孔隙含水层变为透水层，致使含水层中地下水通过裂隙下渗并不断向矿井汇集，裂隙含水层及孔隙含水层地下水位逐渐下降甚至含水层完全枯竭，对煤层上覆裂隙水资源及孔隙水资源造成破坏。

3. 对煤层下伏岩溶水资源的破坏

研究表明，山西省是我国北方碳酸盐岩分布最广的省份。岩溶区面积（包括裸露岩溶区、覆盖岩溶区、埋藏岩溶区）为 11.3 万 km^2，占全省面积的 75.2%。山西岩溶具有温带半干旱区岩溶的特点。地表岩溶形态以常态山、干谷为主，地下岩溶形态以溶隙和小型管道为主。山西形成了 19 个岩溶大泉及其泉域，每一个泉域都是一个独立的岩溶地下水系统，岩溶水的赋存介质主要为奥陶系中统石灰岩，此外还有寒武系石灰岩。在山西省境内，19 个岩溶泉域按面积从大到小分别是辛安泉（10950km^2）、天桥泉（10192km^2）、娘子关泉（7217km^2）、郭庄泉（5600km^2）、神头泉（4756km^2）、柳林泉（4729km^2）、坪上泉（3035km^2）、三姑泉（2814km^2）、延河泉（2575km^2）、兰村泉（2500km^2）、龙子祠泉（2250km^2）、晋祠泉（2030km^2）、城头会泉（1672km^2）、霍泉（1272km^2）、马圈泉（754km^2）、洪山泉（632km^2）、水神堂泉（518km^2）、古堆泉（460km^2）和雷鸣寺泉（377km^2）。这些岩溶泉水量稳定、水质良好，成为山西重要的供水水源之一。多年来，岩溶水在山西工农业用水、生活用水以及生态用水中占有非常重要的地位。

由于山西泉域都是水煤共生的，即煤田与岩溶泉域重叠在一起。煤田主要采自石炭系及二叠系的煤系地层中，而这些地层又都覆盖于奥陶系及寒武系岩溶地层之上。大多数泉域多年大规模采煤必然对岩溶水资源产生巨大的影响及破坏。据调查，多年采煤已经对山西许多煤矿区的岩溶水资源造成了诸如地下水位下降及水质污染等负面影响。虽然山西煤矿区的岩溶含水层位于煤系地层之下，且煤层和该含水层之间还存在一定厚度的隔水层，但对一些带压煤矿区，在底部隔水层厚度较薄或存在断裂构造导水的情况下，不能抵御岩溶水水压时，都会造成岩溶水资源的破坏。如果岩溶水压力过大，可造成矿井突水，不仅严重威胁煤矿的安全生产及矿工生命安全，而且会造成岩溶水资源的大量流失，岩溶地下水位大幅度下降，泉流量因此发生衰减；对于不带压煤矿，采空区的矿井水及废污水可通过断裂构造等渗入下伏岩溶含水层中，致使岩溶水资源遭受污染，岩溶水资源也因此发生破坏。

3.4 煤矿开采对水资源量的影响

1. 河川径流量减少

在山西的许多煤层浅埋煤矿区，随着煤层的持续开采，采空区面积越来越大，采动覆岩导水裂隙带进一步向上发育增高，并且地面的开采沉陷范围也进一步扩大，使矿区河流及其他地表水与下部含水层的孔隙水、裂隙水及矿井水发生一定程度的水力联系，特别是造成雨季时的河川径流大量向下渗漏并最终进入采空区内，致使煤矿区影响范围内的河川径流量减少及河流水位降低。

2. 地下水资源量减少

据调查和访问，在山西的许多煤矿区，孔隙含水层地下水是当地居民的主要供水水源。一方面，采煤导致河川径流量减少，必然引起孔隙水含水层补给量减少；另一方面，当孔隙含水层底板因采动覆岩导水裂隙带贯通或虽未贯通但存在孔隙含水层向下越流补给下伏裂隙含水层时，加大了孔隙含水层向下部裂隙含水层的入渗水量。随着采煤时间的持续，进一步造成孔隙水资源量减少，使得当地孔隙水井出水量锐减或枯竭，导致一些偏远山区百姓因采煤发生吃水困难，加剧了群众的生活负担。

山西煤矿区的裂隙地下水主要赋存于煤层上部的裂隙含水层中，在采煤过程中，最直接受影响的就是这些含水层。在大规模开采沉陷的影响下，裂隙含水层的结构遭受破坏，打破了裂隙地下水的天然平衡状态，改变了裂隙地下水的流向，并使裂隙地下水通过覆岩裂隙带向矿井采空区发生汇流。另外，对于一些地下水储存量丰富的裂隙含水层，矿方为了确保能持续的安全开采，在采煤前必须对裂隙含水层进行一定时间的疏干排水。这些不同形式的影响，都造成山西煤矿区裂隙含水层地下水资源量的减少。

除孔隙水、裂隙水及地表水外，岩溶水也是山西许多煤矿区群众生产生活的主要供水水源。如果开采时煤层标高低于岩溶地下水位，就属于带压开采，一旦有导水断裂存在或隔水层不能抵御水压，可能发生岩溶地下水突水事故，并造成岩溶地下水资源量持续减少。当矿方采取疏水降压措施确保安全生产时，不仅造成岩溶含水层地下水位逐渐下降，而且造成岩溶地下水降落漏斗扩大，一旦这些煤矿区位于某一特定的泉域内，地下水位下降及岩溶水资源量减少必然伴随着泉流量的衰减，加上在这些特定泉域内因生产生活及农业灌溉用水需求对岩溶地下水实施过度开采，最终导致泉水枯竭，如山西著名的晋祠泉，1994年4月30日断流，至今未能复流。此外，研究表明，山西煤矿区吨煤破坏水资源量为2.54m^3，并且这种破坏还会随着煤层开采面积的不断扩大和开采深度的增加而增大。

3.5 煤矿开采下地下水位的变化形式

一般而言，随着开采煤层工作面推进距离的增大，山西煤矿区采动覆岩导水裂隙带发育高度也随之增大。当导水裂隙带高度达到上覆裂隙含水层或孔隙含水层时，地下水沿着导水裂隙下渗流入矿井中，造成影响到的含水层地下水位逐渐下降。只有在采空区面积达到充分采动时，导水裂隙带发育高度不再发生变化，为一固定值，但导水裂隙带高度呈现边界高度大于中央高度的特点。根据对山西煤矿区的实地调查，并结合有关煤矿区地下水位、导水裂隙带高度监测资料的分析，总结出山西煤矿区含水层地下水位变化形式如下：

（1）在一些非充分采动的山西煤矿区，覆岩导水裂隙带发育高度往往在采空区中央位置达到最大，由于该位置对含水层地下水的下渗影响最为强烈，造成该地带波及的含水层地下水位下降达到最大。据山西有关煤矿区地下水位监测资料分析，在煤层非充分采动条件下，导水裂隙带影响的上覆含水层中地下水位的变化如图 3.1 所示。

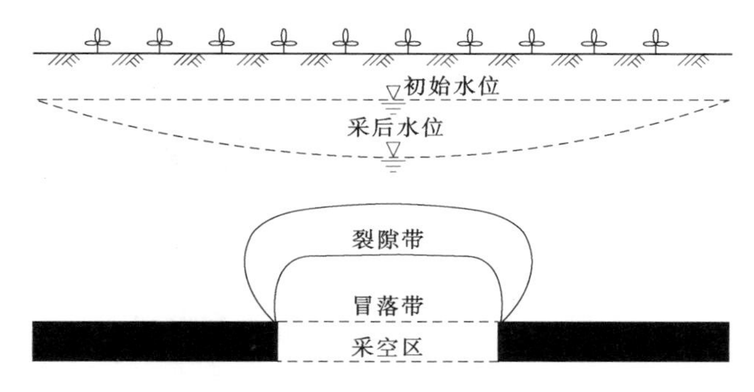

图 3.1 煤层非充分采动下含水层中地下水位的变化

（2）在一些充分采动的山西煤矿区，由于煤层的多年持续开采，采空区面积相对较大，在采空区中央上方的覆岩裂隙因逐渐压密而闭合，而采空区两侧的覆岩裂隙则相对较多。由于采空区两侧位置裂隙的存在，对含水层中地下水下渗的影响最为强烈，地下水下渗量较多，造成上覆含水层的地下水位下降在采空区边界达到最大。据山西有关煤矿区地下水位监测资料分析，在煤层充分采动条件下，导水裂隙带影响的上覆含水层中地下水位变化如图 3.2 所示。

（3）在一些典型的山西煤矿区，煤层的深厚比（即煤层深度与煤层开采厚度之比）较大，当煤矿开采达到充分采动时，一旦上覆岩体的冒落带高度达到上覆含水层，造成含水层地下水直接下渗且快速流入采空区，形成了以煤层开采边界为边界的地下水位降落漏斗。据山西有关煤矿区地下水位监测资料分析，

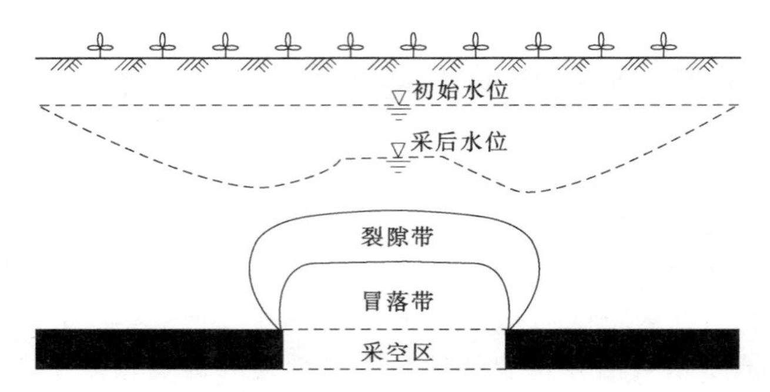

图 3.2 煤层充分采动下含水层中地下水位的变化

在煤层深厚比大且充分采动影响下，导水裂隙带影响的上覆含水层地下水位的变化如图 3.3 所示。

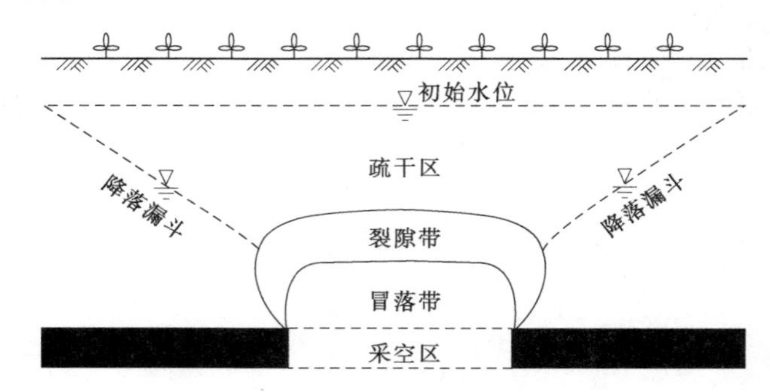

图 3.3 煤层深厚比大且充分采动下含水层地下水位的变化

3.6 采煤导水裂隙带影响因素及高度计算

3.6.1 采煤导水裂隙带影响因素

1. 煤层顶板管理方法

煤层顶板管理方法往往是决定山西煤矿区采动覆岩导水裂隙带发育高度的重要因素，这是因为煤层顶板管理方法不同，采动覆岩的变形破坏特征就会有很大区别，进而影响各煤层采动覆岩导水裂隙带发育的最大高度。

2. 煤层开采厚度

山西煤矿区多年的采矿统计资料表明，在所采煤层不分层开采条件下，采动覆岩导水裂隙带发育高度与煤层开采厚度大多呈线性关系。在所采煤层分层重复采动条件下，采动覆岩导水裂隙带发育高度与煤层累计开采厚度则大多呈分式函数关系，在煤层开采厚度等量增加时，采动覆岩导水裂隙带发育高度的增加幅度则相应变小。

3. 岩性结构

对于山西各煤矿区，所采煤层直接顶向上主要存在下软上硬或下硬上软的各岩层组合情况。由于不同煤矿区的覆岩岩性及力学性质有一定的区别，这也决定了山西各煤矿区所采煤层覆岩的破坏变形情况及采动导水裂隙带高度的最终发育状况。

4. 煤层倾角

我国多年煤层开采实践表明，所采煤层倾角不同，对采动覆岩导水裂隙带发育高度有着截然不同的影响。对于山西各煤矿区，当煤层倾角较小时，采动覆岩导水裂隙带发育高度及其形态变化受煤层开采的影响较小；当煤层倾角较大时，采动覆岩导水裂隙带发育高度及其形态变化受煤层开采的影响较大。

5. 地质构造

山西大部分煤矿区的断层相对发育。当这些断层位于因采煤发育的覆岩导水裂隙带高度范围内时，虽然导水裂隙带范围变化不大，但在一定程度上加剧了在导水裂隙带内煤层上覆岩层的变形破坏程度，增大了岩体的裂隙率，使导水裂隙带的岩体渗透性增大。当这些断层位于因采煤发育的导水裂隙带高度范围以外时，虽然造成导水裂隙带的范围扩大，但不会影响在导水裂隙带内煤层上覆岩层的变形破坏程度。

6. 采煤时间

统计资料表明，采煤时间的长短对于山西煤矿区采动覆岩导水裂隙带发育高度的变化有一定的影响。当开采煤层的覆岩较软时，采煤时间越长，覆岩导水裂隙带高度逐渐向上发育。但当所采煤层的覆岩较坚硬时，导水裂隙带发育最大高度随时间的增加则变化很小或基本无变化。

3.6.2 采煤导水裂隙带高度计算

同全国绝大多数煤矿区一样，在不考虑地质异常的条件下，山西煤矿区因开采诱发的覆岩导水裂隙带高度与开采煤层厚度以及顶板的岩性等有关。我国学者根据各地煤矿多年开采的实际及监测资料，统计出了我国煤矿区水平及缓倾斜煤层的覆岩导水裂隙带的经验计算公式。对于各地薄煤层而言，研究人员往往是采用《建筑物、水体、铁路及主要井巷煤柱留设与压煤开采规范》（表3.1）中的经验计算公式之一估算所采煤层覆岩导水裂隙带最大发育高度。对于各地厚煤层，研究人员可采用《矿区水文地质工程地质勘探规范》（GB/T 12719—1991）（表3.1）中的经验计算公式之二估算覆岩导水裂隙带最大发育高度。山西煤矿区的煤层大多为水平及缓倾斜煤层，因此对于这些矿区采动覆岩导水裂隙带最大发育高度的计算，可采用表3.1中的经验公式来计算。必须强调的是，在山西大多数煤矿区，按照经验公式计算的采动覆岩导水裂隙带最大发育高度要比实测的导水裂隙带高度小。特别是在特殊地质环境条件下，实际导水裂隙带高度一般较计算结果更大。

表 3.1　　覆岩导水裂隙带最大高度的统计经验计算公式

覆岩坚硬程度	计算公式之一	计算公式之二
坚硬	$H_{导}=\frac{100\sum M}{1.2\sum M+2.0}\pm 8.9$	$H_{导}=30\sqrt{\sum M}+10$
中硬	$H_{导}=\frac{100\sum M}{1.6\sum M+3.6}\pm 5.6$	$H_{导}=20\sqrt{\sum M}+10$
软弱	$H_{导}=\frac{100\sum M}{3.1\sum M+5.0}\pm 4.0$	$H_{导}=10\sqrt{\sum M}+5$
极软弱	$H_{导}=\frac{100\sum M}{5.0\sum M+8.0}\pm 3.0$	

注　$H_{导}$ 的单位为 m。

3.7　煤矿开采底板突水及影响因素

3.7.1　底板突水类型

根据山西煤矿区多年井工开采的实践经验，在一定的水文地质及工程地质条件下，因煤矿开采诱发的底板突水实际上主要是煤矿区的奥陶系中统石灰岩含水层突水。从理论上讲，煤层底板突水是固流体耦合作用的结果。煤矿开采底板突水不仅会发生安全及人身伤亡事故，而且还造成煤层下伏岩溶含水层地下水资源的大量损失。根据我国煤矿区的有关规定，当矿井突水量不小于 $50m^3/min$，属于特大型突水，且造成淹井事故；当矿井突水量为 $20\sim49m^3/min$，属于大型突水，也能造成淹井事故；当矿井突水量为 $5\sim19m^3/min$，属于中型突水，可对一个采区造成淹井事故；当矿井突水量小于 $5m^3/min$，属于小型突水，一般不会造成淹井事故。

对于山西的一些已经发生过底板突水的煤矿，如果按照突水所在位置进行划分，则有掘进巷道底板突水和采煤工作面底板突水两类。掘进巷道底板突水主要表现为：①煤层下伏承压含水层（裂隙含水层或岩溶含水层）地下水通过断层或构造破碎带进入掘进巷道底板隔水层；②在掘进采煤工作面时遇到了充水断层而发生突水；③在巷道掘进过程中，揭露的有效隔水层厚度变薄，抵御不了下部奥陶系中统石灰岩含水层的水压而发生突水。采煤工作面底板突水主要发生在采煤过程中的采空区所在地，一方面采空区附近存在一定的断裂构造，另一方面底板隔水层相对较薄或隔水层裂隙发育，受矿山压力作用遭受破坏，在岩溶含水层水压作用下，岩溶水沿着断裂裂隙或隔水层裂隙向上涌入采空区。

根据对山西各煤矿的实地调查和访问，只有少量煤矿区发生过底板奥灰突水。

3.7.2 影响因素

1. 断裂构造

实际上，断裂构造是造成一些山西煤矿区矿井发生底板突水的主要原因。对于许多煤矿区，煤层底板隔水层岩体的强度要远远大于下部奥陶系中统石灰岩含水层的水压。一般情况下，因含水层水压和岩体矿压在底板隔水层中形成新的突水通道的能力有限，能发生底板突水通道往往都是隔水层中原有的断裂裂隙。这是因为：①原有断裂构造不仅对底板隔水层的完整性造成破坏，而且可引起底板抗张强度的降低，形成了奥灰突水的导水通道；②断层两盘的错动大大减小了所采煤层与下伏奥陶系中统石灰岩含水层的距离，实际上相当于减小了煤层底板隔水层的有效厚度，在断层附近掘进或回采时易发生底板突水；③已有断裂构造的充水性或导水性会造成煤矿区的水文地质条件更加复杂，在煤层持续采动的影响下，也易发生煤层奥灰底板突水。

2. 含水层富水性

对于山西煤矿区所采煤层下伏奥陶系中统石灰岩含水层，由于其溶隙及裂隙较发育，含水层的储存量相对越多，因采动发生奥灰突水的水量就越大，对矿井及人员的安全威胁程度也就越大。此外，由于山西煤矿区奥陶系中统石灰岩含水层的裂隙发育在各地不均匀，在一些富水性强的地段，其煤层底板隔水层中的裂隙往往也较发育，为底板奥灰突水的易发区。这些地段在采动影响下一旦发生突水，其突水量则相对较大，对奥陶系中统石灰岩含水层地下水量影响大。

3. 水压作用

一般情况下，山西煤矿区所采煤层下伏奥陶系中统石灰岩含水层的水压越高，采煤时发生底板突水的概率就越大。由于这些岩溶含水层中地下水的流动，加上碳酸的影响，存在一定程度的岩溶作用，不断地对原生构造裂隙进行溶蚀和侵蚀，形成一定规模的导水通道，岩溶地下水在压力作用下上升进入底板隔水层的原有裂隙，从而削弱了隔水层的有效强度。当岩溶地下水接近煤层后，一旦采煤工作面推进到此时就可引起底板奥灰突水，进而影响岩溶含水层地下水的储存量。

4. 隔水层厚度

在山西许多煤矿区，煤层底板隔水层的阻水能力取决于岩体强度、厚度以及裂隙的发育程度。正常地质条件下，所采煤层底板隔水层的厚度越大，其岩层阻水能力也就越强，不会发生底板突水；反之，则会发生底板突水。对于同一厚度的岩层，岩石的天然强度本身存在一定差异，其阻水能力也有很大不同。

实际上，当煤层底板隔水层的强度越大、厚度越大且裂隙发育越少，其阻力能力也就越强，因采动发生下伏含水层特别是奥陶系中统石灰岩含水层突水的概率就越小。

5. 底板破坏深度

对于山西煤矿区所采煤层底板隔水层而言，在煤层开采过程中，不可避免地会受到采煤活动的扰动，其采动破坏深度也影响煤层底板岩体的稳定性及裂隙的发育程度。总体而言，对于煤层下伏奥陶系中统石灰岩含水层，底板隔水层受采动影响的破坏深度越小，这些岩溶含水层发生突水的概率就越小；反之则越大。

3.8 煤矿开采对山西岩溶大泉流量的影响

岩溶泉为岩溶地下水的主要排泄点。据不完全统计，山西省流量大于 $0.1m^3/s$ 的岩溶泉有86个，其中原始流量大于 $1m^3/s$ 的岩溶大泉有19个。多年来，在气候变化及人类活动（特别是采煤）的影响下，山西省各泉域的泉流量大多数呈衰减波动趋势。截至目前，山西已经有晋祠泉（1994年）、兰村泉（1988年）及古堆泉（1999年）3个大泉发生了多年断流，至今未能复流，洪山泉也即将发生断流。晋祠泉的断流已经严重影响晋祠的旅游资源价值，并且威胁到晋祠泉下游河道水生生态环境的健康。岩溶泉流量的衰减或断流说明泉域岩溶水地下水资源量或含水层储存量的减少。目前，岩溶泉流量衰减及断流是山西省政府及水资源管理部门面临的严峻挑战。

根据调查和资料分析，山西煤矿开采对岩溶大泉流量的主要影响体现在两个方面：一是煤矿矿坑排泄煤系含水层地下水减少了其对岩溶地下水的补给；二是开采矿区下组煤时，部分矿区出现煤层受岩溶地下水顶托压力，存在底板奥陶系中统石灰岩含水层突水现象，如太原东山矿区、轩岗矿区和霍州矿区等，而矿方为确保安全生产，往往采取疏水降压措施大量排泄岩溶地下水，这相当于减少了岩溶地下水储存量，致使地下水位下降及泉流量衰减，破坏了泉水资源的完整性。

由于山西省各岩溶泉域内煤系地层所占比例大小不等，有的泉域内煤矿分布多，有的分布少，因而有的岩溶泉流量衰减幅度较大，有的岩溶泉流量衰减幅度则较小，有的泉水已经完全干涸，有的泉水流量基本上保持十几年不变。

当岩溶泉域内煤系地层分布较少时，由于没有煤矿的大量排泄岩溶水，对岩溶地下水资源量几乎没有影响，岩溶泉水流量基本上多年来保持不变，如位于大同市灵丘县的城头会泉和忻州市五台县的坪上泉等。

当泉域内有煤系地层分布，但未大规模开采时，煤矿排泄岩溶地下水量较小，对岩溶泉水影响较小，岩溶泉水流量变化不大，如位于晋城市阳城县的延河泉和临汾市的龙子祠泉。

当泉域内煤系地层分布较广，且已大规模开采煤炭资源时，煤矿排泄岩溶地下水量较大，对岩溶泉水影响较大，岩溶泉水流量衰减幅度较大，如位于霍州的郭庄泉流量发生严重衰减，太原市的晋祠泉已经完全断流。

下面以郭庄泉及晋祠泉流量变化来说明多年采煤对岩溶泉流量的影响。

郭庄泉的泉域面积 5600km^2，霍西煤矿区位于该泉的径流排泄区。据有关资料，山西煤炭整合前，区内共有各类煤矿 801 座，其中汾西、霍州两矿务局所属大矿 15 座，其他煤矿 786 座，年产原煤 2535 万 t，年排水量 1650.35 万 t。该泉群共有 6 个泉组，大小泉眼 60 个。1991 年以前，泉流量较大，最大年平均流量 9.14m^3/s（1968 年），最小年平均流量 6.20m^3/s（1990 年），但从 90 年代开始，泉流量急骤下降，至 1999 年减小至 2.23m^3/s，与 1968 年相比减少了 6.91m^3/s，与 1991 年前的最小流量相比较亦减小了 3.97m^3/s。

晋祠泉域基本包括整个西山煤田，面积 2030km^2。在泉域内煤炭开采具有悠久的历史。据统计，山西煤炭整合前，晋祠泉域内共有煤矿 392 座，年开采能力 3822.75 万 t，年总排水量 2068.17 万 t。泉水流量早在 1933 年实测为 2.0m^3/s，1942 年 10 月 1 日每昼夜 2.0m^3/s，1954—1958 年实测资料显示，泉水最小流量 1.715m^3/s，最大流量 2.18m^3/s。随着 1961 年后多年煤炭及地下水的不断开采，泉水流量逐渐减少，最终于 1994 年 4 月 30 日断流（图 3.4）。据调查和统计，晋祠泉域内的白家庄煤矿地质构造复杂，断层发育，由杜儿坪及雅崖底断层构成的小虎峪地垒将矿区岩溶含水层抬升至地表，结果造成煤系地层与岩溶含水层发生直接对接，岩溶地下水通过地垒补给煤系地层裂隙地下水，从而导致白家庄煤矿的矿井排水量远远高于附近的官地矿、杜儿坪矿、西峪矿

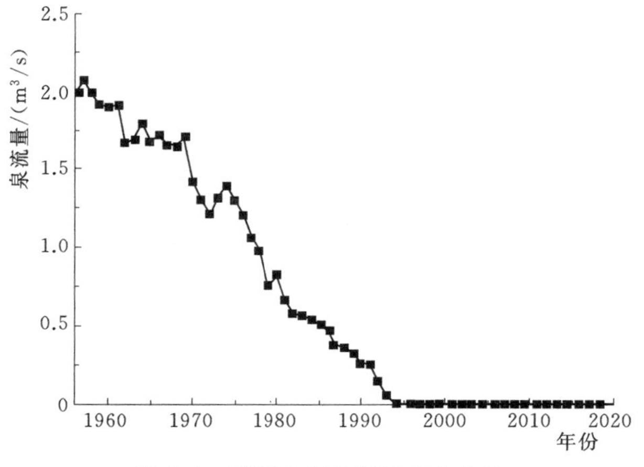

图 3.4　晋祠泉流量年际变化曲线

及西铭矿，吨煤排水量是这4个煤矿平均吨煤排水量的7.5倍。白家庄煤矿采煤排水不仅直接排泄了煤系地层裂隙水，而且还排泄了部分岩溶水，对晋祠泉流量的影响特别严重。

由此可见，对于山西大多数岩溶泉，在采煤疏水排泄岩溶地下水的情况下，一方面煤层上覆含水层因采煤破坏造成补给岩溶含水层的水量减少；另一方面在许多泉域还存在大量因供水需要而出现的岩溶地下水过度开采，对这些岩溶大泉的流量造成了不同程度的影响，加剧了泉流量的衰减及断流趋势（表3.2）。

表3.2　山西部分岩溶泉流量多年变化情况　单位：m^3/s

项目	多年平均流量	20世纪50年代平均流量	20世纪60年代平均流量	20世纪70年代平均流量	20世纪80年代平均流量	20世纪90年代平均流量	21世纪平均流量
娘子关泉	10.65（1956—2000年）	13.42	13.90	11.23	9.36	9.09	—
郭庄泉	7.14（1956—2000年）	—	6.31	—	—	3.37	—
神头泉	7.84（1958—2006年）	8.47	8.65	7.50	5.76	5.11	4.74
柳林泉	3.38（1957—2005年）	—	—	3.67	2.88	2.16	1.37
三姑泉	3.91（1956—2000年）	4.83	4.56	3.35	3.68	3.61	—
延河泉	2.96（1956—2000年）	3.59	3.64	2.39	3.12	2.37	—
龙子祠泉	5.018（1955—2007年）	5.90	6.14	5.11	5.31	3.94	3.65
晋祠泉	—	1.95	1.61	1.21	0.52	0	0
城头会泉	—	—	—	—	2.93	2.19	
洪山泉	1.156（1955—2000年）	1.54	1.39	1.14	1.02	0.86	—
水神堂	—	—	0.9	0.6	—	—	0.2

第4章 山西煤矿区开采沉陷的形成、特征及影响因素

4.1 开采沉陷的形成

从概念上讲，开采沉陷实质上是指由于地下煤层挖掘后形成了一定空间，采空区上部岩土体在自重作用下失稳而引起的地面塌陷等现象。山西煤矿区大多处于山区，可采煤层总体上埋藏较深，因此山西6大煤田及8个煤产地采用井工开采方式的煤矿占绝大多数。对于井工开采煤矿，采空区是指地下可采煤层被采出后留下的空洞区，按煤层被开采的时间，可分为老采区及现采区。山西煤田及煤产地的煤矿众多，由于煤矿地质条件及采矿条件的差异，开采沉陷的时空发展过程实际上是很复杂的。

实际上，在原始沉积环境下，矿区煤岩体虽然具有原生裂隙，但是在未受到煤层采动影响下，它处于一定的原岩平衡状态。当煤层从地下被开采出来后，采空区上部岩体就因失去下部支撑而导致其天然平衡状态被破坏，煤岩体的力学性质发生了很大变化。在这种状况下，煤层上覆岩体的应力就会重新分布，以期达到新的平衡状态。在煤层逐渐开采的过程中，采空区的上覆岩体持续发生变形和移动，并向上波及地表，造成上覆岩体的强度和内聚力发生不同程度的降低。在这种煤层采动影响下，采空区上部地表影响范围内可出现诸如地面塌陷、地裂缝及地面台阶等多种变形。随着煤层开采时间的延续，在采空区影响范围内逐渐形成了地表移动盆地。当煤层开采的宽度增大到一定值后，如果再继续增加煤层的采宽，采空区停采线上方的地表移动和变形几乎不再受到煤层采动影响，即地表移动盆地面积不再继续扩大，这种煤层开采沉陷现象在山西各地的煤矿区都得到了证实。

多年来，国内外学者对煤矿采空区采动覆岩的破坏进行了大量的研究工作，取得了许多有价值和有意义的科学成果，为各地煤炭资源的有序开采及安全防护等提供了参考。根据前人关于煤层采动覆岩破坏机理的研究成果，目前有拱形冒落论和拱形假说、悬臂梁冒落论与冒落岩块碎胀充填论、冒落岩块铰接论、砌体梁平衡理论比较受国内学者的肯定和应用。这些理论从不同角度阐述了不同地质条件、不同开采方法及不同采动阶段的采空区上覆岩体的变形破坏及地表移动特征。实际上，由于世界各地区地质采矿条件等的差异，不同煤矿区采

动覆岩破坏的机理也有所差异。

根据对山西各地井工煤矿区开采沉陷的调查和资料收集分析，对于大多数煤矿，煤层开采过程中采空区覆岩的变形及破坏主要呈现如下特征：

（1）当一定水平的地下煤层被采空后，煤层上覆岩层的受力情况与梁一样，在垂向上从上到下，应力由压应力变为拉应力，中间的附加应力存在零点。由于上覆岩层的厚度较大，其自重力就相应较大，岩石的抗拉强度相对较小。在煤层的持续开采下，采空区覆岩体从下部开始发生变形和破坏并且向上逐渐扩散，最终波及地表形成地表移动盆地。

（2）在煤层开采过程中，采空区上覆岩层在重力和摩擦力的作用下，逐渐向采空区的中心地带移动。但因岩石本身具有一定的黏聚力，与流体不同的是，它们并不会完全涌向采空区。在岩石黏聚力、内摩擦角和岩层间的摩擦、黏结等作用下，覆岩因煤层开采而变形的范围向上不断扩大，岩体应力逐渐消散。

（3）由于煤矿大多地处山区，可采煤层的埋藏深度总体上较大，加上采空区上覆岩层中存在厚度较大且强度较大的坚硬岩层，这些岩层的变形较小或基本不变形，于是就形成了悬臂梁结构，使得采空区的跨度层减小，地表开采沉陷范围减小。

（4）虽然采空区上覆岩体因采动变形而破坏，但由于破坏岩体本身具有一定的碎胀性，造成冒落岩体体积扩大，对下部的采空区具有填充作用。随着煤层开采的逐步向前推进，采空区的冒落带、裂隙带及弯沉带逐渐由下向上形成。

（5）当煤层开采结束且采空区被冒落岩体填充后，采空区采动覆岩形成的冒落带、裂隙带及弯沉带互相连接或形成稳定结构，它们之间可以进行应力的传递，在蠕变作用下，上覆岩体逐渐被压实并最终趋于稳定状态。

4.2　开采沉陷的特征

4.2.1　采空区覆岩的垂直分带及水平分区

4.2.1.1　垂直分带

对于山西各煤田井工开采煤矿，前人在地质钻孔及岩层物理力学参数等资料的基础上，采用相似材料模拟实验方法研究了采空区上覆岩体的垂向变形破坏特征。结果表明，当采用全部垮落法和煤柱支撑法管理顶板而采用条带开采时，煤层采宽达到一定宽度后，采空区覆岩的变形破坏从下向上可依次划分为冒落带、裂隙带和弯沉带，这三个区域的特征不同（图 4.1）。冒落带、裂隙带和弯沉带这三个垂直分带就是煤矿区通常所说的“竖三带”，这与砌体梁结构模型描述的三带是一致的。特别强调的是，“竖三带”是科研人员根据相似材料模拟实验结果人为划定的。由于采空区采动覆岩的破坏形态是连续的，“竖三带”之间存在一定的过渡高度。

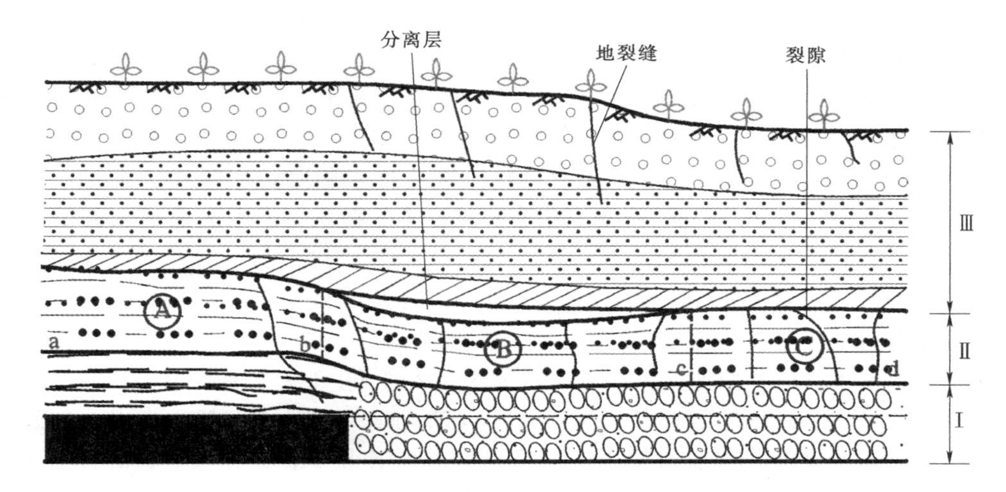

图 4.1 采空区“竖三带”与“横三区”

Ⅰ—冒落带；Ⅱ—裂隙带；Ⅲ—弯沉带

Ⓐ—煤壁支撑区（a—b）；Ⓑ—离层区（b—c）；Ⓒ—重新压实区（c—d）

1. 冒落带

对于一定的煤层采空区，冒落带是指工作面回采后引起的煤层上覆岩体完全冒落的那部分岩层。该层是影响煤层顶板再生和冒落岩块不能隔水的重要原因。在山西各地煤矿区，冒落带主要是指采用全部垮落法管理顶板时，煤层开采工作面放顶引起的煤层直接顶板的破坏范围。这是因为煤层采出后，在一定深度范围内形成了具有一定面积和体积的采空区，致使顶板覆岩在自重作用下发生了法向弯曲。当覆岩层的岩石拉应力大于或超过岩石的抗拉强度时，这些岩体就会破碎成块并发生冒落，充填整个采空区。根据山西各地煤矿的有关观察、统计以及前人的相似材料模拟实验结果，采空区冒落带破坏岩块的特点如下：

（1）不规则性。在煤层初次采动的情况下，如果采空区上覆顶板岩体的岩性越坚硬，并且岩体的厚度越大，那么冒落岩块的块度就越大；如果上覆顶板岩体的岩性越软弱，并且岩体的厚度越小，那么冒落岩块的块度就越小。根据山西各地煤矿采空区冒落岩块破坏及其堆积情况，冒落带可分为不规则冒落带和规则冒落带两部分。在不规则冒落带内，因采动变形破坏的顶板覆岩体完全失去了原有的层次；在规则冒落带内，因采动变形破坏的顶板覆岩体还基本上能保持原有的层次。

（2）碎胀性。当顶板覆岩体因煤层被采空冒落到下部采空区后，这些破坏岩体的体积较未冒落前增大，即冒落带岩体呈现碎胀性的显著特点。在很多关于煤矿采空区冒落带研究的文献中，多用岩石碎胀系数来描述煤层开采后采空区冒落带岩石的破碎程度。必须指出的是，采空区覆岩破坏的碎胀系数主要取决于岩石本身的性质，其值永远大于1。由于这些冒落岩块自身碎胀性的存在，煤层开采结束后，岩块冒落现象持续一定时间后能够自行停止，并不会一直冒落，这种现象在科研人员开展的相似材料模拟实验中是非常直观和明显的。

实际上，冒落带岩石碎胀系数与顶板覆岩体的物理性质、碎胀后块度的大小及其排列状态等因素都有关系。关于岩石碎胀系数的大小，前人研究成果中的意见分歧仍然较大。由于受各种因素影响，各类试验对岩石碎胀系数的测定也是十分复杂的。

（3）密实度差。对于采空区冒落带而言，密实度是指破碎岩体部分的体积占总体积的比例，说明冒落带内被破碎岩体所充填的程度，即反映了岩体的致密程度。对于山西各煤矿而言，绝大多数采用长壁全垮落法管理顶板，采动岩体发生冒落及变形破坏程度有很大差异，但破碎岩体的冒落过程只是采动影响下的冒落，岩体块度大小有差异，岩体之间还存在一定的空隙，并没有被完全压实。因此，采空区冒落带内破碎岩体的密实度相对较差。

2. 裂隙带

对于采空区覆岩破坏，从冒落带顶界到弯沉带底界的区域属于裂隙带。该带的形成主要与上覆岩体因变形破坏发生离层以及岩体之间的相对位移有关。关于山西各地煤矿相似材料模拟实验结果充分表明，裂隙带与冒落带之间实际上没有特别明显的区分界限，这取决于实验结束后的人为划定。一般而言，山西各地煤矿采空区裂隙带破坏岩块的特点如下：

（1）裂隙分布具规律性。一般而言，采空区裂隙带主要发育竖向破断裂隙，有的地段岩层全部断裂，有的地段岩层不完全断裂。前人总结得出，裂隙带覆岩的断裂不仅与岩体岩性、厚度及其空间位置有关，而且与其所承受的破坏变形性质和大小有关。根据相似材料模拟实验的观测结果得出，距离冒落带近的覆岩层，其断裂现象较严重；反之，其断裂现象较轻微。另外，破断覆岩层还产生明显的离层裂隙，这进一步说明了该区域的覆岩变形破坏呈现由下而上的逐渐发展规律。

（2）裂隙分布具分带性。许多煤矿的相似材料模拟实验表明，在垂向上，采空区裂隙带由下而上可划分为严重断裂带、一般断裂带和微细断裂带三个区域。对于严重断裂带，虽然大部分覆岩层全部断裂，但保持着原有的地层沉积层序，其竖向裂隙间的连通性最好。对于一般断裂带，只有部分覆岩层断裂，原有的地层沉积层序更加完整，其竖向裂隙间的连通性相对较好。对于微细断裂带，只在部分覆岩层上发育有特别微细的裂隙，岩体实际上并没有断开，导致其竖向裂隙间的连通性很差。

(3) 裂隙间的连通性随时间发生变化。在煤层采动过程中，采空区裂隙带发育的竖向破断裂隙与离层裂隙一般是具连通性的。当煤层开采结束且岩体移动达到基本稳定后，在采空区的边缘区，裂隙带的竖向破断裂隙与离层裂隙也是连通的，并且其连通范围较大，但在采空区的中央区，裂隙带的竖向破断裂隙与离层裂隙大多不连通，其连通范围要小得多。

3. 弯沉带

在采空区裂隙带以上，有时直至地面的那一带称为弯沉带。从整体上看，该带岩体在自重作用下产生弯曲变形但是不再破裂，只在地表下沉区边缘因弯曲而出现拉应力的部位产生了一些随深度增加而逐渐闭合的张性断裂。虽然该区域发生了覆岩层的移动和变形，但整体上仍能保持原岩结构而不破坏。相似材料模拟实验表明，采空区弯沉带的覆岩特点如下：

(1) 整体性好。整体性是指采空区裂隙带顶界以上的所有覆岩层发生成层的、整体性的移动。由于采动覆岩的破坏程度较小，不会呈现出如裂隙带那样的岩体离层现象，并且其上下各岩层的沉降差异也很小，各岩层呈平缓状弯曲。

(2) 裂隙发育少。虽然采空区弯沉带各岩层呈平缓状弯曲，但在部分覆岩层上也可能因变形而发育裂隙。根据相似材料模拟实验的观察统计结果，该带发育的裂隙是极其微小的，且裂隙数量相对较少。对于部分煤矿区，由于该带裂隙间的连通性差，其导水能力十分微弱。

4.2.1.2 水平分区

从针对山西井工煤矿开采所做的相似材料模拟实验结果可知，一定水平的煤层被采出后，除发育采空区覆岩冒落带、裂隙带和弯沉带这三个垂直分带外，在采空区的覆岩层中还出现煤壁支撑区、离层区和重新压实区这三个水平分区，即人们通常所说的“横三区”(图 4.1)，这与砌体梁结构模型描述的三区也是一致的。根据山西煤矿多年的采煤经验总结及相似材料模拟实验结果，采空区“横三区”覆岩变形主要呈现如下特点。

1. 煤壁支撑区

在煤层采动的影响下，煤层上方的覆岩层一般是在回采工作面前方 30～40m 处就开始发生变形，其水平位移较大，而垂直移动相对较小。只有当回采工作面推过此区域后，采空区覆岩的垂直位移才会急剧增大。

2. 离层区

当煤层回采工作面推进此区域内，覆岩层的垂直位移也是急剧增加的，但从上到下各覆岩层位移速度有所差别，下部位移迅速，越向上位移越缓慢，最为显著的是在此区域内各覆岩层发生了明显的离层，即出现了离层裂隙。

3. 重新压实区

已断裂的覆岩岩块重新受到采空区前期冒落覆岩碎块的支撑，由下向上各岩层下沉速度逐渐增大，各岩层进入了相互压实的过程。

4.2.2 采空区覆岩的破坏特征

山西煤矿区的煤层大部分为水平及缓倾斜煤层，只有少部分矿区为中倾斜煤层。根据有关山西煤矿开采相似材料模拟实验结果，当采用全部垮落法管理顶板时，煤矿区不同角度类型煤层采空区覆岩破坏特征如下。

1. 水平及缓倾斜煤层（0°～35°）

由于该类煤层比较平缓，在采动影响下，不论是在沿采空区走向剖面上，还是在沿采空区倾向剖面上，该类型煤层的覆岩破坏影响范围内的形态呈现马鞍形状。在采空区四周边缘，其影响高度要大于采空区中部，最高点一般位于开采边界以外数米范围内。

2. 中倾斜煤层（36°～54°）

由于该类煤层相对较陡，在采动影响下，该类型煤层的覆岩破坏影响范围内的形态呈现上大下小的抛物线形状。在煤层倾斜程度较大以及同一煤层埋深差异的影响下，导致采动覆岩变形破坏的最大影响高度一般位于采空区上边界附近的上方，而下边界采动覆岩变形破坏的最大影响高度则相对较小。

4.3 开采沉陷的影响因素

1. 覆岩层性质

研究表明，在井工开采的影响下，山西各地煤矿采空区覆岩层的完整程度发生较大程度的破坏，岩体裂隙充分发育。一般情况下，对于比较坚硬的覆岩，受煤层开采影响的沉降值相对较小，而软弱覆岩的沉降值则相对较大。当各地覆岩的物理性质和厚度都差异较大时，岩层层位对地表移动盆地变形程度也有较大的影响。此外，岩层层位的不同也会影响采空区冒落带及裂隙带的发育高度。

2. 煤层开采方式和面积

对于山西各地煤矿区的缓倾斜煤层，在井工开采条件下，其采动覆岩的破坏程度有所差异。据统计和分析，煤层非充分采动下的覆岩破坏高度要小于充分采动的破坏高度。另外，对于充分采动的采空区，因其煤层总体开采面积较大，导致采动覆岩的破坏程度也较大。

3. 顶板管理

据实地调查和对煤矿开发利用方案的统计，对山西绝大多数煤矿区，井工开采的回采工作面顶板管理方式主要为全垮落法。在煤层开采过程中，基本顶是主要支撑对象，而直接顶是主要维护对象。在各个煤矿区，顶板管理方式不仅影响采空区冒落岩块的填充方式及其密实度，而且对采空区地表岩土体的变形移动规律有很大影响。

4. 煤层开采深度（简称采深）

根据经验总结，对于同一厚度的煤层，当煤层开采深度增大时，采空区地表最大沉降值将减小。有关文献研究表明，在山西许多煤矿区，当煤层的采深采厚比（煤层埋深/煤层开采厚度）大于150倍时，对采空区影响范围的地面沉陷影响就变得很小，在一些矿区甚至无影响。在煤层开采深度增大的情况下，采空区影响范围的地表移动变形所需时间进一步加长。

5. 煤层开采厚度（简称采厚）

对于大多数山西煤矿区，在煤层埋藏深度一定时，随着煤层开采厚度的增加，采空区冒落带和裂隙带的发育高度一般是按线性比例增加的。也就是说，在其他条件相同时，矿区煤层的开采厚度越大，采空区覆岩发生变形破坏所波及的范围就越大，并且覆岩体的破坏程度也越严重，进而影响采空区影响范围的地表移动变形及地表移动盆地的形成。

6. 煤层倾角

在山西部分煤矿区，随着煤层倾角的增大，煤层采动引起的地表的水平位移也相应增加，造成地表移动盆地内的地裂缝数量及长度进一步增加。由于煤层倾角的增大，采空区覆岩体的应力分布更加复杂，覆岩体中也发育了大量的裂隙，并且地面沉陷呈现不对称现象。这与平缓煤层的覆岩裂隙发育及变形有很大差异。

7. 覆盖土层厚度

据实地调查和对地质报告的分析，在山西大部分煤矿区，采空区的覆岩最上部一般都覆盖有一定厚度的土体。如果煤层开采深度不是特别深且覆盖土层厚度较小时，在采动影响的覆岩变形破坏中，这些覆盖土层会随着覆岩体的变形而变形，两者的变化范围是一致的。但因为岩性存在差异，岩体和土体的主要影响角扩散程度却是不同的。据山西许多煤矿区的实地观察和相似材料模拟实验结果，当矿区覆盖土层的厚度很大时，采空区地表呈现的变形移动分布规律与下部基岩不同，并且能缓和地表移动盆地的变形曲率。

8. 覆岩体缺陷

对山西煤矿区的覆岩体而言，往往赋存着无数的断层、节理面及裂隙面等，这其实就是覆岩体缺陷。在这种状况下，实际覆岩体的强度会因这些构造面的存在而大大降低。对于大部分煤矿，在煤层采动向前推进的过程中，由于地质构造的参与影响，覆岩层发生破坏及变形移动，都会造成覆岩原有裂隙区的变形加剧及裂隙扩大，并不产生新的裂隙或新裂隙较少。

9. 边缘煤柱

据山西许多煤矿区的采煤覆岩变形实测资料，覆岩变形破坏是从煤层的直接顶开始，自下而上逐渐扩散，且直接顶最下部岩层的碎胀性最大。在很长一段时间内，煤柱边缘区存在较大的应力。当应力过大而导致边缘煤柱破坏，岩层的两帮就会失去煤柱的支撑，结果造成裂隙带高度继续向上发育，进一步导致支撑压力向煤柱深部发展。当煤柱无法承受覆岩的压力时，在采用煤柱支撑法管理顶板时，煤柱的稳定性至关重要。在煤层持续采动影响下，煤柱在一段时间内将被压垮。因此，在采用煤柱支撑法管理顶板时，煤柱的稳定性必须要引起矿方的注意和重视。

第5章　多煤层开采覆岩移动及地表变形规律的相似模拟实验

5.1　概　　述

煤炭开采过程中产生的一系列覆岩移动及地表变形规律，受到了学者的高度重视。例如，张建全等采用相似模拟实验研究了采场上覆岩层的“三带”特征及分布规律；刘秀英等应用相似模拟实验研究了辛置煤矿2204工作面采空区覆岩的移动规律；李向阳等采用数值模拟与相似模拟对倾斜采空场的覆岩及地表移动规律进行了研究；刘瑾等进行了采深和松散层厚度对开采沉陷地表移动变形影响的数值模拟研究；孙光中等采用数值模拟和相似材料模拟对巨厚煤层开采覆岩运动规律进行了研究。以上研究主要是针对单一煤层进行的，得出了许多有益的经验与结论，为指导单煤层开采及采空区地基处理等提供了参考。

近年来，随着我国煤炭开采强度的增大及开采深度的增加，许多矿区形成了多煤层采空区，已成为高速公路等重大工程建设的制约因素。由于我国土地资源有限，许多高速公路不可避免地要通过多煤层采空区。在公路建设过程中，有可能使原本相对稳定的采空区覆岩平衡遭到破坏，地表再次产生沉陷变形，危及公路的安全。由于单煤层开采覆岩移动及地表变形规律不同于多煤层开采，加上各地采矿地质条件的差异，其成果对于多煤层就失去了普适性。因此，研究多煤层开采覆岩移动及地表变形规律是十分必要的，具有重要的理论及现实意义。

已有学者对多煤层开采给予关注，并取得一定成果。例如，李全生等利用相似材料模拟和数值模拟研究了多煤层开采相互采动的影响规律，为煤柱留设及确保巷道安全提供了参考；夏筱红等进行了多煤层开采覆岩破断过程的模型试验与数值模拟研究，为安全回收煤炭资源提供了依据。两者都是以指导采煤为目的，对高速公路下伏多煤层覆岩移动研究有一定的借鉴，但由于没有考虑采空区的地表变形，不便于具体指导高速公路下伏采空区治理。目前，高速公路下伏多煤层开采覆岩移动及地表变形规律研究成果仍然很少。为确保高速公路的安全，非常有必要开展这项研究，对于高速公路下伏多煤层采空区治理设计具有重要的参考价值。离石—军渡高速公路LK21＋340～LK21＋900段通过康家沟煤矿采空区，该矿主要开采4号、5号和10号煤层。本章采用相似材料模拟实验方法，对柳林县康家沟煤矿多煤层开采覆岩移动及地表变形规律进行了研究，以期为高速公路下伏多煤层采空区治理设计提供依据。

5.2 研究区地质概况

研究区位于吕梁山脉中段西侧黄土丘陵区，地表由黄土覆盖。地层自上而下为第四系、二叠系和石炭系，现简述如下：

(1) 第四系中更新统离石组（Q_2l）：分布于梁、塬、峁及冲沟两侧，为风积及冲积形成，岩性以黄土为主，为棕黄色、浅棕红色亚黏土，夹数层棕色古土壤层、钙质结核层及透镜状砂卵石层，硬塑～坚硬状态，柱状节理发育，多层结构类型。厚度为20～50m。

(2) 二叠系上统上石盒子组（P_2s）：岩性为灰绿、黄绿、灰紫色页岩与灰绿色长石石英杂砂岩互层，由下向上紫色页岩逐渐增多，浅黄、灰黄、浅灰色中细砂岩和泥岩组成。其底部标志层岩性为紫红色、灰黄色铝土质鲕粒泥岩，含丰富的铁锰质。本组厚度约为390m。

(3) 二叠系下统山西组（P_1s）：下部为灰黑色炭质页岩、砂质页岩、粉砂岩夹中厚层细粒石英杂砂岩、长石岩屑砂岩及煤层（4号、5号）；上部为灰褐色砂质泥岩夹长石石英砂岩及煤线。4号、5号为主采煤，厚度为2m和3m。本组厚度约50m。

(4) 石炭系上统太原组（C_3t）：底部为山西式铁矿，下部为鲕状铝质泥岩及致密块状铝质黏土岩；中部为灰黑色泥岩、黏土岩、砂质页岩，夹中细粒石英杂砂岩，透镜状含生物碎屑灰岩及煤层（8号、9号、10号），为可采煤，以10号煤为主，局部合并，10号煤层厚度为5m；上部为三层厚层状灰岩夹泥质粉砂岩、页岩、长石石英杂砂岩及薄煤层。本组厚度约105m。

5.3 实验模型设计

本次实验采用2.6m×4.43m的平面相似模拟实验架进行多煤层（三层煤）开采模拟实验。由于模型实验架高度的限制，在保证4号煤层以上岩层与实际岩层相似的前提下，对4号、5号和10号煤层之间的间隔做出适当调整。在实际岩层中，4号和5号煤层间的泥质砂岩厚度为8～15m，5号和10号煤层间的泥岩厚度为23～38m。经过分析调整后，模型中4号和5号煤层间的泥质砂岩厚度为5m，5号和10号煤层间的泥岩厚度也为5m。由于实际中煤层倾角只有4°，故相似材料模拟模型中按水平煤层考虑。

按照相似原则，几何相似常数 α_l 通常取100～200，考虑到实验模拟断面高

240m，而模型实验架高2.6m，因此取几何相似常数 $\alpha_l=100$。原型中的岩层多为泥岩、细砂岩，根据以往实验经验，容重相似常数取为 $\alpha_\gamma=1.5$。根据相似指标，可得应力相似常数 $\alpha_\sigma=\alpha_l\times\alpha_\gamma=100\times1.5=150$，时间相似常数 $\alpha_t=10$。模型设计高2.4m，长4.43m，宽0.3m。

实验前，在康家沟煤矿采区进行了钻孔取芯，经室内实验，得到了采区范围内岩土力学性质指标，然后根据模拟实验选取的相似常数，经计算得到模型相似材料主要参数，见表5.1，其中 γ 为容重，σ_c 为单轴抗压强度，σ_t 为抗拉强度，μ 为泊松比。参照表5.1参数，本次相似模拟材料选取石英砂、河砂、云母做骨料，石灰、石膏做胶结材料，硼砂做缓凝剂。根据阜新矿业学院对石膏相似材料配方所做实验结果，选择实验相似材料的配方及配比，见表5.2。

表5.1 模型相似材料主要参数

岩层名称	厚度/cm	γ/(kN/m^3)	σ_c/MPa	σ_t/MPa	μ
松散层	20	—	—	—	—
砂岩	14.62	1.68	8.48	0.28	0.18
砂质泥岩	14.28	1.69	6.35	0.04	0.50
细粒砂岩	7.5	1.72	7.56	0.33	0.35
砂质泥岩	23.9	1.69	5.07	0.10	0.19
泥岩	16.31	1.67	5.98	0.09	0.35
砂质泥岩	14.19	1.69	7.12	0.17	0.30
砂岩	19.2	1.64	6.27	0.27	0.18
泥岩	18	1.69	7.97	0.10	0.41
泥质砂岩	22	1.68	2.69	0.17	0.25
中砂岩	18.6	1.67	6.17	0.29	0.28
泥岩	12.9	1.71	7.01	0.27	0.35
4号煤层	2	0.91	3.03	0.06	0.33
泥质砂岩	5	1.68	8.10	0.24	0.38
5号煤层	3	0.93	6.39	0.27	0.32
泥岩	5	1.71	5.98	0.09	0.35
10号煤层	5	0.93	3.03	0.06	0.33
泥岩	20	1.71	7.12	0.17	0.30

表5.2 模型相似材料配比

编号	岩层名称	厚度/cm	配比号
1	松散层	20	—
2	砂岩	14.62	755
3	砂质泥岩	14.28	337
4	细粒砂岩	7.5	855

续表

编号	岩层名称	厚度/cm	配比号
5	砂质泥岩	23.9	437
6	泥岩	16.31	337
7	砂质泥岩	14.19	855
8	砂岩	19.2	328
9	泥岩	18	755
10	泥质砂岩	22	337
11	中砂岩	18.6	855
12	泥岩	12.9	755
13	4 号煤层	2	637
14	泥质砂岩	5	337
15	5 号煤层	3	464
16	泥岩	5	755
17	10 号煤层	5	464
18	泥岩	20	755

相似模型实验中各煤层开采宽度均为 2m，开采方法为走向长壁全陷落法。实验模拟开采时，首先开采上部 4 号煤层，接着开采 5 号煤层，最后开采 10 号煤层。

本次相似材料模拟模型实验装置如图 5.1 所示。在岩层中设置 10 排位移观测点，每排布置 21 个，同排观测点水平等距布设，间距为 20cm。实验中用 DTM－501 系列全站仪由专人对多煤层开采覆岩移动及地表变形情况进行观测，并统计整理数据。

图 5.1　相似材料模拟模型实验装置

5.4 实验结果及分析

5.4.1 采空区“三带”覆岩移动变形规律

图 5.2～图 5.4 分别为相似模型 4 号、5 号和 10 号煤层开采结束后采空区“三带”的覆岩下沉曲线。

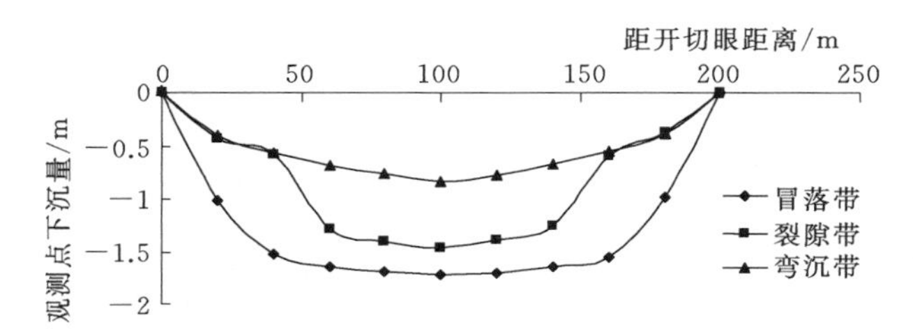

图 5.2　4 号煤层开采后采空区“三带”下沉曲线

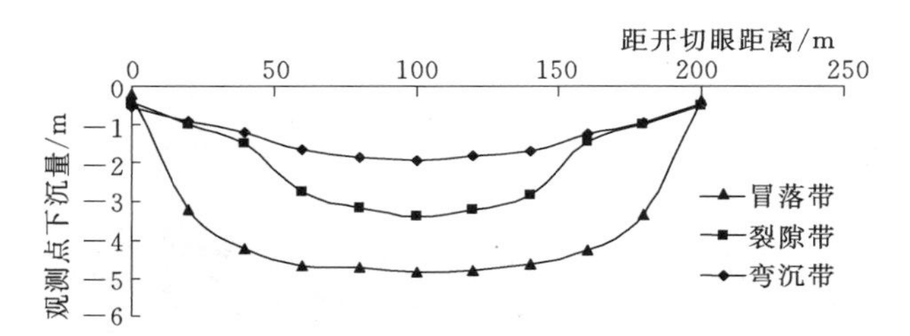

图 5.3　5 号煤层开采后采空区“三带”下沉曲线

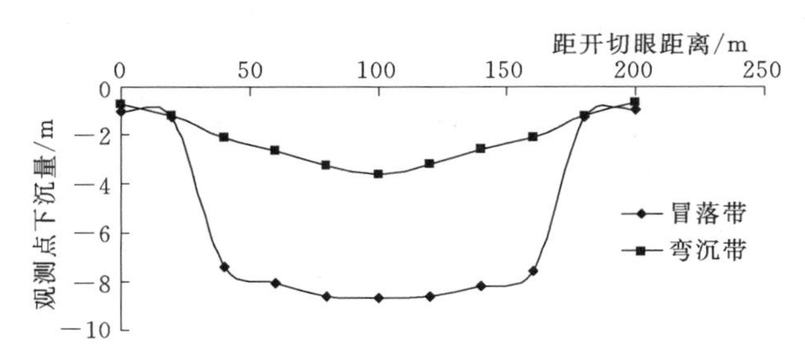

图 5.4　10 号煤层开采后采空区“三带”下沉曲线

由图 5.2 可以看出，4 号煤层开采结束后，上覆岩层冒落带、裂隙带及弯沉带的最大下沉量分别为 1.72m、1.46m 和 0.84m。经计算，冒落带、裂隙带及弯沉带的下沉系数分别为 0.86、0.73 和 0.42，碎胀系数分别为 1.028、1.012 和 1.011。

由图5.3可以看出，5号煤层开采结束后，上覆岩层冒落带、裂隙带及弯沉带的最大下沉量分别为4.84m、3.40m和1.95m。经计算，冒落带、裂隙带及弯沉带的下沉系数分别为0.968、0.68和0.39，碎胀系数分别为1.106、1.033和1.032。

由图5.4可以看出，10号煤层开采结束后，由于受前两次采动的影响，弯沉带以下覆岩体全部冒落，不存在裂隙带，冒落带和弯沉带的下沉量分别为8.70m和3.60m。经计算，冒落带和弯沉带的下沉系数分别为0.87和0.36，碎胀系数分别为1.13和1.054。

以上情况表明，在多煤层开采条件下，采空区“三带”的覆岩下沉量逐渐增大，冒落带的下沉系数呈现出先增大后减小的特点，裂隙带和弯沉带的下沉系数则呈现逐渐减小的特点。说明随着煤层开采总厚度的增加，受上覆岩层拱形结构的作用，裂隙带和弯沉带的岩层保持了一定程度的相对稳定，没有明显的下沉和垮落，主要表现为弯曲变形。另外，随着煤层开采总厚度的增加，采空区“三带”的覆岩碎胀系数呈增大特点，说明多煤层采动造成采空区上覆岩体更加破碎，这与图5.5所示的相似模型中多煤层开采结束后覆岩体垮落情况很相符。

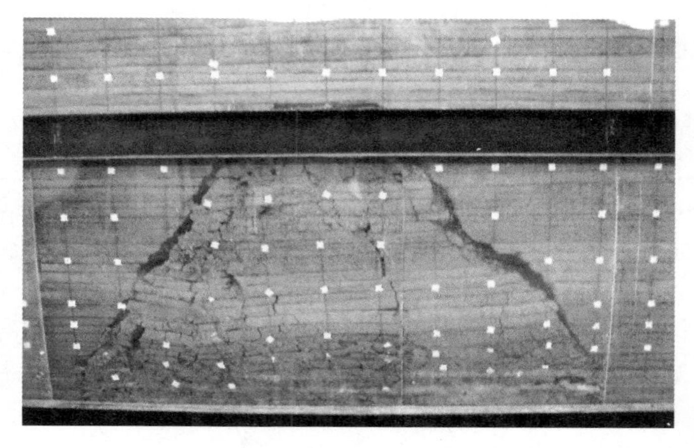

图5.5 多煤层开采后覆岩体垮落情况

5.4.2 采空区地表变形规律

1. 地表沉降量

图5.6为相似实验模型4号、5号和10号煤层开采结束后采空区地表最终沉降曲线。由图可见，4号煤层开采结束后，地表的下沉量不大，最大下沉量为1.32m；5号煤层开采结束后，地表下沉量进一步增加，最大下沉量为1.56m；

10 号煤层开采结束后，地表下沉量达到最大值 1.94m。每层煤开采结束后地表最大下沉值的位置基本不变，都处于采空区的中上方。地表下沉量呈现出随累计采厚的增大而增大的规律，进一步表明采空区沉陷盆地的范围大小随着煤层累计采厚的增大而扩大。

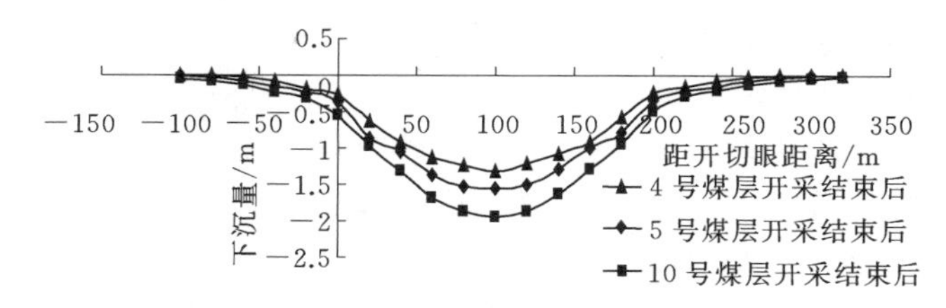

图 5.6　模型地表沉降曲线

2. 地表倾斜变形

图 5.7 为相似实验模型 4 号、5 号和 10 号煤层开采结束后地表最终倾斜变形曲线。由图可见，沉陷盆地的倾斜值是以最大下沉点为中心对称分布的。倾斜变形分为两个区段，近开切眼侧为正倾斜变形区，近停采线侧为负倾斜变形区。对于同一地质采矿条件而言，两个倾斜变形区变形值的绝对值遵循小—大—小的变化趋势。随着煤层累计采厚的增大，地表的倾斜变形值也增大，即 4 号煤层开采后地表倾斜变形值＜5 号煤层开采后地表倾斜变形值＜10 号煤层开采后地表倾斜变形值。

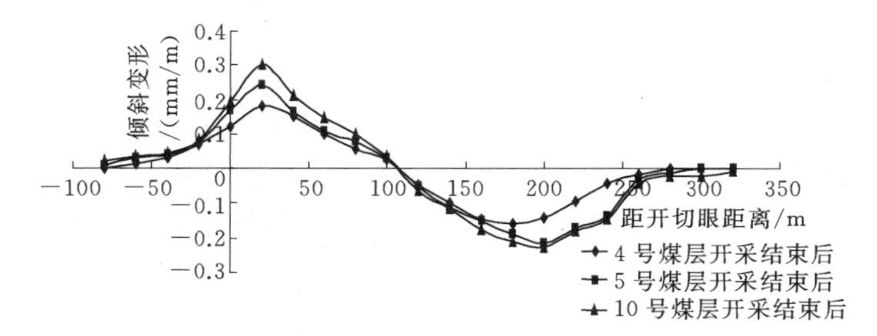

图 5.7　模型地表倾斜变形曲线

3. 地表水平位移

图 5.8 为相似实验模型 4 号、5 号和 10 号煤层开采结束后地表最终水平位移曲线。由图可见，水平位移曲线形状类似于倾斜变形曲线，也分为两个区段，近开切眼侧为正水平位移区，近停采线侧为负水平位移区。在采空区中心附近（偏向于开切眼侧），水平位移则逼近于零。

4 号煤层开采结束后，地表的最大正、负水平位移分别为＋0.39m（0m 处）、－0.38m（200m 处）；5 号煤层开采结束后，地表的最大正、负水平位移

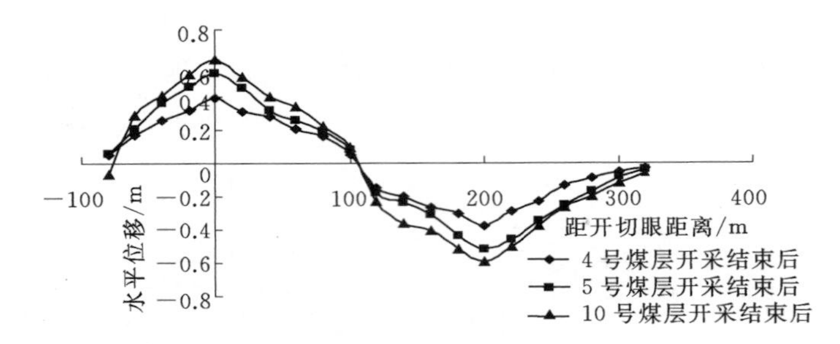

图 5.8 模型地表水平位移曲线

分别为+0.54m（0m处）、−0.52m（200m处）；10号煤层开采结束后，地表的最大正、负水平位移分别为+0.62m（0m处）、−0.59m（200m处）。4号煤层开采后水平位移值<5号煤层开采后水平位移值<10号煤层开采后水平位移值，说明随着煤层累计采厚的增大，采空区地表水平位移值也随之增大。

4. 地表曲率变形

图5.9为相似实验模型4号、5号和10号煤层开采结束后地表最终曲率变形曲线。由图可以看出，在沉陷盆地两侧各有一正曲率变形区，在采空区上方有一负曲率变形区。正曲率表示地表呈凸起变形，负曲率表示地表呈凹陷变形，凸起部位各点应力表现为拉应力，凹陷部位各点应力表现为压应力。

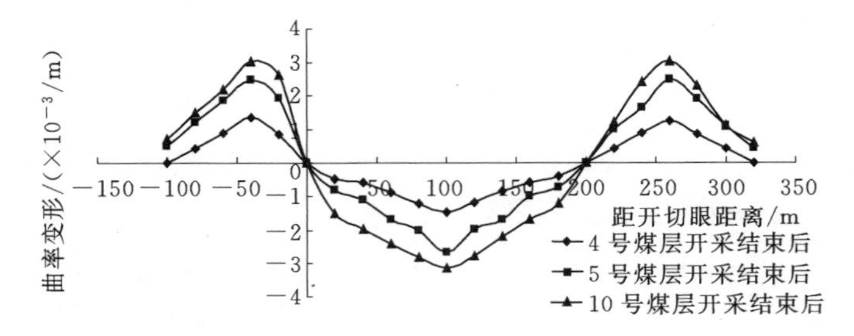

图 5.9 模型地表曲率变形曲线

4号煤层开采后近开切眼侧煤柱上方、近停采线侧煤柱上方最大正曲率变形及采空区上方最大负曲率变形分别为$+1.36\times10^{-3}/m$（−40m处）、$+1.26\times10^{-3}/m$（260m处）、$-1.45\times10^{-3}/m$（100m处）；5号煤层开采后近开切眼侧煤柱上方、近停采线侧煤柱上方最大正曲率变形及采空区上方最大负曲率变形分别为$+2.48\times10^{-3}/m$（−40m处）、$+2.46\times10^{-3}/m$（260m处）、$-2.65\times10^{-3}/m$（100m处）；10号煤层开采后近开切眼侧煤柱上方、近停采线侧煤柱上方最大正曲率变形及采空区上方最大负曲率变形分别为$+3.01\times10^{-3}/m$（−40m处）、$+3.04\times10^{-3}/m$（260m处）、$-3.12\times10^{-3}/m$（100m处）。采空区中部的地表曲率变形特征为：4号煤层开采后曲率变形值<5号煤层开采后曲

率变形值＜10号煤层开采后曲率变形值，说明随着累计采厚的增加，模型采空区中部的地表曲率变形也在增大，呈凹陷变形趋势。

由此可知，多煤层开采条件下，随着煤层累计采厚的增加，采空区地表沉降量、地表倾斜变形、地表水平位移及地表曲率变形都呈增大趋势，进一步表明多煤层开采引起采空区地表变形更加强烈。

5.5 结　　论

（1）相似材料模拟实验表明，在多煤层开采条件下，采空区“三带”覆岩下沉量逐渐增大，冒落带的下沉系数呈现出先增大后减小的特点，裂隙带和弯沉带的下沉系数则呈现逐渐减小的特点。随着煤层开采总厚度的增加，采空区“三带”覆岩的碎胀系数呈增大特点，多煤层采动造成采空区上覆岩体更加破碎。

（2）多煤层开采条件下，采空区的地表沉降量、地表倾斜变形、地表水平位移及地表曲率变形都呈增大趋势，多煤层开采造成采空区地表变形更加强烈。

（3）在高速公路下伏多煤层采空区治理设计中，要按照覆岩移动变形情况确定采空区治理范围，并结合采空区覆岩的碎胀系数来确定满足工程稳定性要求的注浆充填率及合理的注浆量。

（4）在高速公路路基设计中，应按照多煤层采空区地表变形特点选择合理的抗变形结构设计。

（5）在煤矿未采区进行多煤层开采时，为确保采煤安全和减少对上覆岩层及地表的破坏，应减小各煤层的开采宽度，加大保护煤柱留设的尺寸。

（6）本相似材料模拟实验对各煤层之间的岩层厚度进行了减小调整，可能导致相似模拟实验变形值比实际变形值要大。由于事先没有获得康家沟煤矿采空区现场实测变形数据，无法进行相似模拟分析结果与实测数据的对比，因此相似模拟实验结果还不能完全反映多煤层采空区岩体内部复杂的变化情况。在下一步研究中，可采用数值模拟方法来研究高速公路下伏多煤层开采覆岩移动及地表变形规律，使两者在技术上优势互补，结果上相互印证。

第6章 双煤层采动岩体裂隙分形特征实验

6.1 概 述

山西省是我国主要的煤炭能源基地之一，多年的煤炭开采形成了大规模的采空区，已经成为高速公路等重大基础工程建设规划的制约因素。由于可供利用的土地资源越来越少，为了提高土地利用率和缩短道路里程，从总体路线线型、特殊地质和地形条件等因素综合考虑，对交通道路的发展要求更加苛刻。随着山西交通建设项目加速实施，许多高速公路都不可避免地要通过煤矿采空区。在原始沉积环境下，煤岩体虽然具有原生裂隙，但是在未受采动影响下，处于原岩平衡状态。煤层开采时，煤岩体在重新分布的构造应力及自重应力的作用下发生弯曲及移动。随着工作面的不断向前推进，处于卸压范围内的覆岩将发生不同程度的变形、破裂甚至断裂，原生裂隙与新生的采动裂隙叠加并相互贯通形成采动裂隙网。在高速公路等建设过程中，有可能使原本相对稳定的采空区覆岩重新变形失稳。因此，从安全角度考虑，研究煤矿区采空区岩体裂隙特征是非常必要的。

多年来，国内外学者对煤层采动裂隙的形成过程及特征等进行了大量的研究，取得了一些有价值的成果。例如，Sofianos进行了长壁采煤开采顶板岩层的运动与行为研究；Lu和Wang采用数值模拟方法开展了采煤诱发的裂隙演化研究；Cheng等借助相似材料模拟实验研究了采动岩体裂隙演化；张勇、张建国、王栓林等利用数值模拟方法开展了覆岩的变形、移动和裂隙分布规律；Zhang等研究了采煤影响下的导水裂隙带的发育；Poulsen等提出了一种可用于描述沉积岩体中的长壁开采诱导压裂的数值模拟方法；Zhang等研究了大采深条件下的覆岩裂隙发育特征；许国胜等采用相似模拟物理实验研究了水体采动覆岩的裂隙发展规律；王家臣和王兆会采用室内实验和数值模拟等方法分析了采动应力场作用下顶煤裂隙场发育特征；朱伟采用数值模拟和现场实测方法研究了厚松散层薄基岩下的覆岩采动裂隙发育规律。以上研究为煤及煤层气的安全开采起到了重要的指导作用。

煤岩体采动裂隙网络分布复杂、杂乱无序，既有地质构造作用形成的原生裂隙，又有煤层开采形成的采动裂隙，具有结构性及不确定性等特点，因此应用常规理论很难描述。Mandelbrot创立了分形几何学，利用分形维数描述自然界不规则及无序的现象和行为，这为描述复杂、无序的采动裂隙网络提供了另一有效途径。Babadagli、张永波和刘秀英研究表明，从岩体单一的采动裂隙到裂隙网络分布均具有分形特征。近年来，学者们尝试利用分形理论去描述煤层开采过程中岩体裂隙网络的演化过程，取得了一定的进展。例如，王国艳等利用 RFPA 软件对采动裂隙网络的分形特征进行了研究；栗东平等得出分形维数大小受裂隙的长度、宽度、数量、分布等因素控制；李宏艳、宋白雪等利用分形理论描述了采动裂隙时空演化规律；Zhang 等利用三轴试验研究了三维采矿诱导裂缝的分形特征；梁涛等采用水岩相似材料模拟实验研究了采动裂隙的分形演化规律；范钢伟等采用分形维数描述了采动裂隙发育过程及系统演化。另外，冯锦艳等研究了大倾角煤层采动裂隙分形特征。由此可见，学者们揭示了利用分形理论研究裂隙网络的科学性。但由于各地地质条件及岩体力学性质的不同，研究内容的针对性及结论存在一定的局限性。值得注意的是，这些研究都是针对单煤层开采开展的。虽然李树刚、王创业等进行了双煤层采动覆岩裂隙形态及其演化规律实验研究，但对双煤层采动岩体裂隙分形维数的研究还相对较少，仍需进一步深入研究。

山西省许多拟建的高速公路都通过煤矿的双煤层采动采空区，这些采空区的岩体裂隙发育危及高速公路的安全。双煤层采动的岩体裂隙发育和分布比单煤层更加复杂，裂隙网络在一定程度上影响着上覆岩体是否垮落。目前，研究者大多忽视或没有重点考虑到双煤层采动岩体裂隙的影响。因此，非常有必要开展山西煤矿区双煤层采动岩体裂隙发育及分形特征研究。拟建的离石—军渡高速公路位于山西省境内，其线路全长 38.542km，途经柳林县同德煤矿双煤层采动的采空区。本章主要是为高速公路下伏双煤层采动采空区的岩体稳定性评价提供重要依据。以离石—军渡高速公路下伏同德煤矿采空区为地质原型，利用物理相似材料模拟实验模拟双煤层采动岩体裂隙的发育及分布，运用分形几何理论研究双煤层采动采空区的冒落带、裂隙带的岩体裂隙的分形特征。这些成果可为相关人员科学合理地进行高速公路下伏的双煤层采动的采空区地基治理设计提供必要的理论基础。

6.2 材料和方法

6.2.1 物理相似材料模拟实验

本次相似材料模拟实验以离石—军渡高速公路师婆沟隧道下伏同德煤矿采空区地质采矿条件为原型，模拟开采双煤层，即上层煤 4 号煤层和下层煤 5 号煤层。根据相似模拟理论，物理实验中应满足几何相似、体积密度相似、应力相似和时间相似。综合考虑上述因素后，模型参数设计如下：

（1）考虑到煤矿区的实际地质条件，选取几何相似常数 $\alpha_l=100$。

（2）煤矿原型岩层的加权平均容重 γ_p 为 23.1kN/m^3，模型中相似材料容重 γ_m 为 15.4kN/m^3。因此，容重相似常数 $\alpha_\gamma=23.1/15.4=1.5$。

（3）应力相似常数 α_σ 计算如下：$\alpha_\sigma=\alpha_l\times\alpha_\gamma=100\times1.5=150$。

（4）以模型在重力作用下的运动学相似为判据，时间相似常数定义为 $\alpha_t=(100)^{1/2}=10$。

根据同德煤矿采空区地层条件和相似模拟实验台的尺寸条件，采用 300cm×300cm 的平面相似模拟实验架进行实验。实验模型设计的规格为 300cm×30cm×182cm（长×宽×高）。模拟实验的材料以石英砂、河砂、云母做骨料，石灰、石膏、碳酸钙做胶结材料，硼砂做缓凝剂。依据实际地层条件，得到本次相似模拟材料最佳配比见表 6.1。

表 6.1　模型相似材料配比

编号	岩层名称	模型厚度/cm	配比号
1	黄土	20.0	1601
2	砂岩	14.62	755
3	砂质泥岩	14.28	337
4	细粒砂岩	7.50	855
5	砂质泥岩	23.90	437
6	泥岩	16.31	337
7	砂质泥岩	14.19	855
8	砂岩	19.02	328
9	泥岩	2.82	755
10	4 号煤层	4.0	637
11	泥质砂岩	5.43	337
12	中砂岩	5.84	855
13	5 号煤层	4.0	464
14	泥岩	7.38	755
15	砂岩	7.62	337

在安装实验模型时，把搅拌均匀的材料倒入模型内，然后用压实锤分层击实，高度应符合模型分层的高度，使相似材料都遵守既定的容重相似比。分层间撒一层云母粉以模拟层面，每一层的制作工作应在 20min 内完成。模型装好后，每天挖 50g 材料放在恒温箱进行湿度实验，湿度降低到小于 2%后，即可开始进行采煤工作。相似材料模型实验装置如图 6.1 所示。

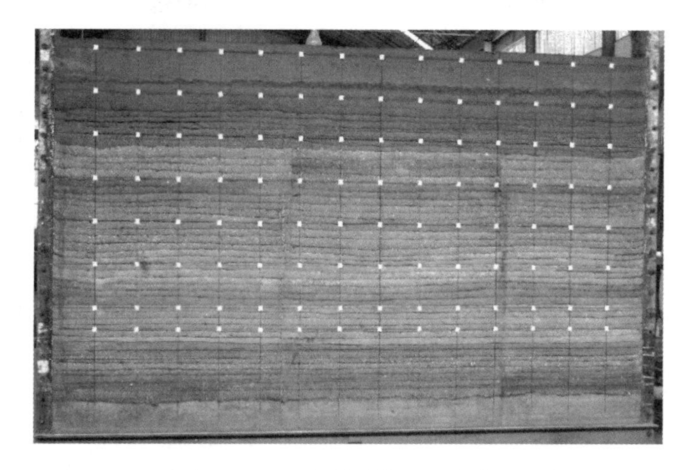

图 6.1 相似材料模型实验装置

模型煤系地层水平，开采方式为走向长壁全垮落法开采，4 号、5 号煤层的开采宽度均为 240cm。根据时间相似比计算得到，模拟实验采煤以 4cm/h 速度向前推进，导致模拟开采时间为 2.5d。实验先开采上层煤（4 号煤层），上层采完后，紧接着进行下层煤（5 号煤层）的开采，直至下层煤开采完。在具体实验时，首先观测记录双煤层采动岩体裂隙的发育及分布，然后统计在下层煤不同推进长度下的双煤层采动岩体裂隙的数量。

6.2.2 采动岩体裂隙分形方法

据宋白雪、梁涛及范钢伟等的研究，采动岩体裂隙的分布具有自相似性及分形特征。因此，可对各种状态下的采动岩体裂隙的分布，采用改变粗视化程度的方法求取其采动岩体裂隙分形维数。根据分形几何理论，本次实验运用覆盖法（方格法），即用不同尺度的 r 方格网覆盖所研究的采空区某一段采动岩体裂隙分布图，观测位于不同尺度网格中长度大于等于相应网格尺度的采动岩体裂隙数量 $N(r)$。研究表明，采动岩体裂隙数量和尺度遵循的分形规律为：$N(r) \propto r^{-D}$。将两者表示在双对数坐标系中，就可以得到 $\ln N(r)-\ln r$ 的关系曲线。该关系曲线斜率的绝对值就是所求的采动岩体裂隙分形维数 D。本次相似模拟实验在采用方格网法统计双煤层采动岩体裂隙数量时，是按照统一比例放大图形并尽量扩大边长 r 的范围来进行的，避免自相似分形的无标度区落在有效区间之外而引起较大误差，确保所求的分形维数更能符合煤矿区双煤层采动岩体裂隙分形的实际情况。

本相似模拟实验选取模型距开切眼 90～110m 的一段岩体，分别用 $r=20$m、10m、5m、2.5m 的方格网覆盖，统计出冒落带和裂隙带的覆盖区在不同工作面推进尺度下的双煤层采动岩体裂隙数量 $N(r)$，并相应计算 $\ln N(r)$ 和 $\ln r$ 值，用最小二乘法进行最佳线形拟合得双对数图，根据拟合直线的斜率计算出分形维数 D。

6.3 采动岩体裂隙发育情况

对于4号和5号煤层，实验模拟采煤都是以0.04m/h速度从左向右推进，当4号煤层采完后，然后开采5号煤层。初始开挖（开切眼）都是从距离模型左端30m开始，最终开挖（停采线）在距离模型左端270m结束。由于开挖时段处于夏季，为避免因持续开挖造成模型失稳而无法完成预期实验，采煤实际上共开挖了10d。4号煤层及5号煤层的总进尺都为240m。

在双煤层开采的过程中，都呈现出随着工作面的推进，模型出现裂隙、冒落、再裂隙、再冒落交替出现的现象。由于本书主要关注岩体裂隙状况及其分形特征，对于挖掘过程中详细的覆岩垮落过程以及岩体位移变化规律不进行描述。

根据本次物理相似材料模拟实验的观测，在双煤层采动覆岩中发育了两类裂隙：一类为离层裂隙，另一类为竖向破断裂隙，与Liu等文献中的单煤层采动岩体裂隙发育类型相同，但双煤层采动岩体裂隙发育状况与单煤层有很大区别。

图6.2为上层煤（4号煤层）工作面不同推进长度对应的岩体裂隙发育。由图可见，当开采上层煤时，采空区岩体离层裂隙的发育分为两个阶段：第一阶段从开切眼开始，随着上层煤工作面推进长度的增大，采空区岩体的离层裂隙不断增大，但在空间分布上滞后于工作面的推进度，在采空区中部岩体的离层裂隙最发育；第二阶段，随着工作面推进长度的进一步增大，采空区中部岩体的离层裂隙又趋于压实，表明该阶段为岩体的离层裂隙闭合阶段，而采空区两侧岩体的离层裂隙仍保持，基本不发生大的变化。对于竖向破断裂隙，随着上层煤工作面推进长度的增大，竖向破断裂隙自下而上不断发展。当工作面推进长度进一步增大，竖向破断裂隙会不断地向前并向上发展，但其发育同样滞后于上层煤工作面推进长度。在采空区两侧，竖向破断裂隙的形成主要是由于离层岩体受到拉应力作用而发生破坏。在采空区的中部，竖向破断裂隙的形成主要是由于离层岩体受到自重作用发生破坏。总之，根据采动岩体裂隙发育的观测，在上层煤的开采过程中，采动岩体裂隙随着工作面推进长度的增大由产生到发展、由发展到闭合依次出现。

图6.3所示为下层煤（5号煤层）工作面不同推进度对应的岩体裂隙发育。由图可见，当开采下层煤时，由于上层煤开采的影响，采空区岩体的整体性已

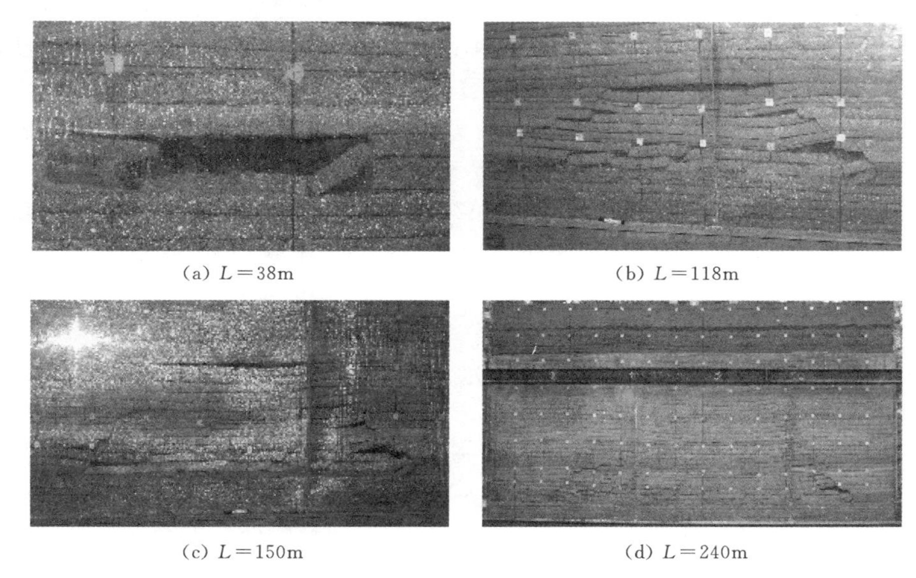

(a) $L=38$m (b) $L=118$m

(c) $L=150$m (d) $L=240$m

图 6.2 4号煤层采动后岩体裂隙发育情况

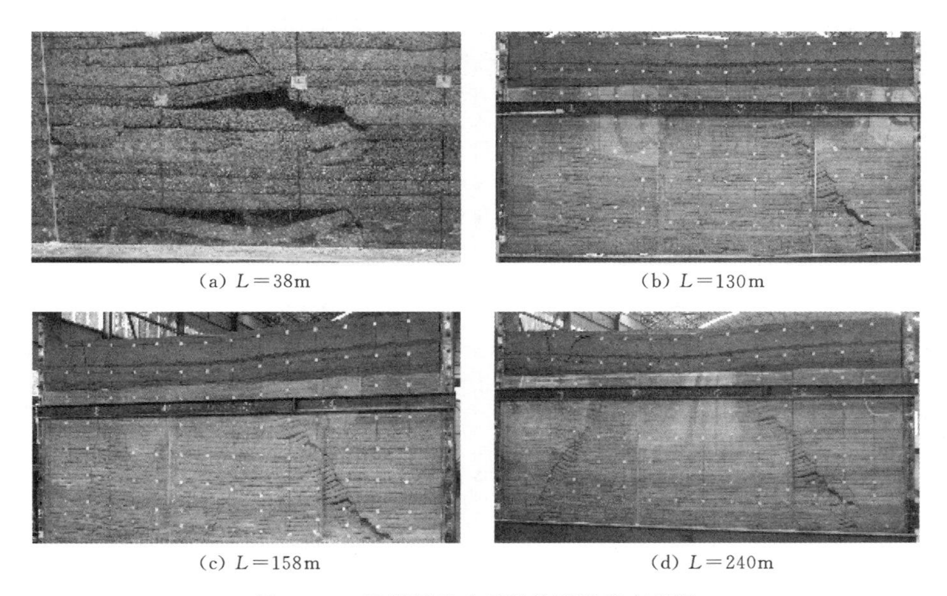

(a) $L=38$m (b) $L=130$m

(c) $L=158$m (d) $L=240$m

图 6.3 5号煤层采动后岩体裂隙发育情况

经受到很大破坏，岩体离层裂隙和竖向破断裂隙的发育已不再如单独开采上层煤时那样发育，而是随着下层煤采煤工作面推进度的增大，突然产生大的裂隙或者部分裂隙变小再到闭合，已不存在上层煤采动岩体裂隙发育的规律性。但在上层煤采动没有影响到的区域，开采下煤层依然保持着同上层煤开采时一样的裂隙发育情况。受双煤层采动的影响，下层煤开采结束且岩体移动基本稳定后，采空区岩体中发育的裂隙总体上保留明显，在采空区两侧的岩体裂隙数量相对较多，而采空区中部的岩体裂隙数量相对较少且大部分地段的岩体裂隙基本闭合。

综上所述，在双煤层采动条件下，采动岩体裂隙发育与单煤层采动既具有相同点，也具有不同点，充分说明双煤层采动岩体裂隙发育比单煤层更加复杂。

6.4 采动岩体裂隙分形特征

如前所述，为进一步研究双煤层采动岩体裂隙的分形特征，本书以距开切眼90～110m处的一段采动岩体为例，分别计算其冒落带、裂隙带在下层煤（5号煤层）不同工作面推进尺度下的双煤层采动岩体裂隙的分形维数。本次双煤层采动采空区的冒落带、裂隙带的岩体裂隙分形维数计算结果见表6.2。

表6.2 采动岩体裂隙分形维数

进尺	尺度 r	$\ln r$	冒落带			裂隙带		
			$N(r)$	$\ln N(r)$	分形维数 D	$N(r)$	$\ln N(r)$	分形维数 D
$L=102$m	20	2.996	0	—	1.0844	0	—	1.0002
	10	2.303	2	0.693		0	—	
	5	1.609	4	1.386		2	0.693	
	2.5	0.916	9	2.197		4	1.386	
$L=118$m	20	2.996	3	1.099	1.2149	0	—	0.9995
	10	2.303	7	1.946		1	0.000	
	5	1.609	17	2.833		2	0.693	
	2.5	0.916	37	3.611		4	1.386	
$L=126$m	20	2.996	5	1.609	1.2173	2	0.693	1.074
	10	2.303	12	2.485		4	1.386	
	5	1.609	25	3.219		8	2.079	
	2.5	0.916	53	3.970		19	2.944	
$L=152$m	20	2.996	4	1.386	1.2235	3	1.099	1.1203
	10	2.303	9	2.197		7	1.946	
	5	1.609	21	3.045		15	2.708	
	2.5	0.916	51	3.932		31	3.434	

续表

进尺	尺度 r	$\ln r$	冒落带			裂隙带		
			$N(r)$	$\ln N(r)$	分形维数 D	$N(r)$	$\ln N(r)$	分形维数 D
$L=240$m	20	2.996	3	1.099	1.0663	0	—	0.9995
	10	2.303	6	1.792		1	0.000	
	5	1.609	12	2.485		2	0.693	
	2.5	0.916	28	3.332		4	1.386	

由表 6.2 可知，采空区冒落带、裂隙带岩体裂隙发育数量不同，相应的岩体裂隙分形维数也不同。同一尺度 r 下，冒落带的岩体裂隙发育比裂隙带要多，进一步说明双煤层采动影响下冒落带岩体变形破坏程度比裂隙带更为剧烈。

相似模型实验得到的采空区冒落带、裂隙带岩体裂隙分形维数随下层煤工作面推进度的变化曲线如图 6.4 所示。

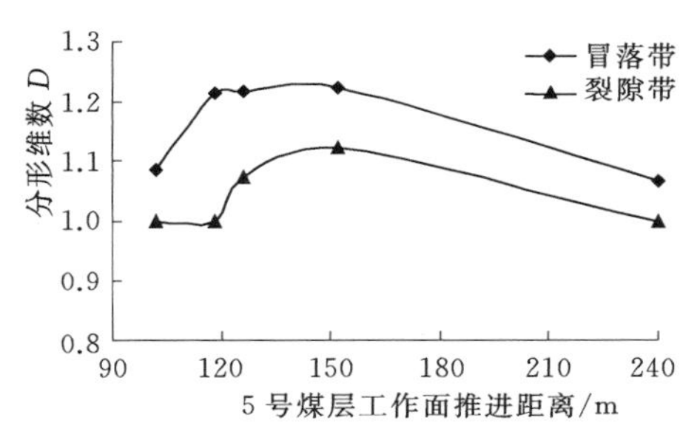

图 6.4　双煤层采动岩体分形维数变化曲线

根据图 6.4 可得出，在长 20m 的采动岩体研究区域内，双煤层采动岩体裂隙分形维数呈现以下基本规律：①在下层煤工作面推进长度相同的情况下，采空区的冒落带分形维数大于裂隙带分形维数，冒落带分形维数基本为裂隙带分形维数的 1.0～1.2 倍；②随着下层煤工作面推进长度的增大，双煤层采动岩体裂隙分形维数呈现从小到大再到小并稳定的变化规律；③双煤层采动结束且岩体移动基本稳定之后，双煤层采动采空区的冒落带、裂隙带的岩体裂隙分形维数分别为 1.0663、0.9995，前者是后者的 1.067 倍。

6.5　讨　　论

根据上述双煤层采动岩体裂隙的分形维数计算结果，由于在下层煤开采过程中的变形破坏不同，冒落带、裂隙带的岩体裂隙分形维数也存在一定差异，冒落带的分形维数总是大于裂隙带的分形维数，说明在双煤层采动条件下，因距离开采煤层较近，冒落带裂隙发育程度比裂隙带要高。这与 Li 等的文献中描述的单煤层开采条件下的冒落带、裂隙带的分形维数情况正好相反。另外，双煤层采动岩体裂隙分形维数随下层煤工作面推进度的增大经历了从小到大再到小并稳定的变化规律，而 Zhang、Li 及 Zhou 等的研究结果表明，在单煤层采动条件下，随着采煤工作面推进度的增大，采空区采动岩体裂隙的分形维数有增大的趋势。这些情况充分说明，双煤层采动岩体裂隙分形维数的变化规律与单煤层采动非常不同。这主要是由于在上层煤（4号煤层）开采影响的基础上，又叠加了下层煤（5号煤层）开采的影响，即受双煤层采动的影响，采空区上覆岩体的整体性已受到破坏。当下层煤开采结束且岩层移动基本稳定之后，双煤层采动采空区的冒落带、裂隙带的岩体裂隙数量受压实闭合的影响而减少，最终造成采动岩体裂隙分形维数也减小。

此外，根据模型岩体位移监测数据的统计，双煤层采动结束后，冒落带的最大下沉值为7.56m，裂隙带的最大下沉值为7.01m，弯沉带的最大下沉值为6.99m。下沉值的平均值为7.18m。实际上，煤矿有关监测部门实测的工作面原位地表最大下沉量为7.59m。模拟值和实测值相差0.41m，两者的相对误差为5.71%，远小于10%。说明本相似模拟实验的模型是有效且可靠的。它进一步根据相似材料模型实验求得的分形维数是可信的，能很好地反映原型采空区的实际情况。

由此可知，对于进行高速公路下伏双煤层采动采空区地基稳定性评价及采空区充填注浆设计的人员，为确保高速公路的安全，必须在双煤层采动岩体裂隙发育及分形特征研究成果的基础上开展相关研究，这一点应引起高度重视。否则，会造成因地基稳定性评价不合理或充填注浆设计过于保守而浪费资源等问题。

6.6 结　　论

通过物理相似模拟材料实验及分形几何理论，研究了双煤层采动岩体裂隙发育及分形特征，得出以下结论：

(1) 在采煤工作面推进的过程中，双煤层采动采空区岩体中发育了两类裂隙：一类为离层裂隙，另一类为竖向破断裂隙。这与单煤层采动岩体裂隙发育类型相同。

(2) 受双煤层采动的影响，下层煤开采结束后，采空区上覆岩体中发育的裂隙总体上保留明显，在采空区两侧的岩体裂隙数量相对较多，而采空区中部的岩体裂隙数量相对较少，大部分地段的岩体裂隙基本闭合。充分说明双煤层采动岩体裂隙发育比单煤层更加复杂。

(3) 在下层煤工作面推进长度相同的情况下，采空区的冒落带裂隙数量大于裂隙带，采空区的冒落带分形维数大于裂隙带，冒落带分形维数基本为裂隙带分形维数的1.0～1.2倍。

(4) 随着下层煤工作面推进长度的增大，双煤层采动岩体裂隙分形维数呈现从小到大再到小并稳定的变化规律。这与单煤层采动的分形维数变化趋势是不同的。

（5）双煤层采动结束且岩体移动基本稳定之后，双煤层采动采空区的冒落带、裂隙带的岩体裂隙分形维数分别为1.0663、0.9995，两者之比为1.067∶1。

（6）为确保高速公路的安全，必须在双煤层采动岩体裂隙发育及分形特征研究成果的基础上开展相关研究。

（7）研究成果为高速公路下伏双煤层采动采空区的地基稳定性评价及注浆设计提供一定的理论依据。

第7章　煤层开采厚度及弱透水层厚度变化对松散含水层地下水影响的数值模拟

7.1　概　　述

我国北方干旱半干旱地区，由于地表水十分缺乏，地下水资源显得尤为宝贵。煤、水资源共存于一个地质体中，采煤后对地下水造成不同程度的影响，如地下水位下降、含水层破坏及地下水资源量减少等。这在山西、陕西及内蒙古等富煤地区尤为突出，已成为煤矿区实施可持续发展战略过程中必须解决的重大问题。因此，深入开展煤矿开采对地下水影响研究，对确保煤矿区地下水资源可持续开发利用有理论和现实意义。

多年来，我国煤矿开采对地下水影响受到学者们的高度重视。例如，范立民研究了采煤造成的地下水渗漏问题；李平等采用数值模拟法预测了矿井涌水量；李恩来等探讨了采煤诱发的水环境问题；李治邦等采用数值模拟法分析了采煤对砂岩裂隙含水层的影响；曹胜根等应用直流电法探测技术研究了采煤底板的突水危险性；张茂省等运用经验公式和数值方法研究了采煤对地下水的影响；许家林等通过现场测试和相似模拟实验研究了煤矿松散承压含水层的突水机理；顾大钊等应用物探方法研究了采煤对地下水赋存环境的影响；武强等评价了煤层底板的突水脆弱性；许志峰等进行了煤矿开采对地下水环境影响评价研究。这些学者们主要关注煤系裂隙含水层及煤层底板下伏岩溶含水层，大多忽视了煤矿开采对上覆松散含水层的影响。我国北方许多煤矿区，居民用水主要依靠松散含水层，但采煤对松散含水层造成了严重影响，威胁居民的饮用水安全。近年来，煤矿开采对松散含水层影响也受到一定关注。如孟召平等运用突水危险系数计算了煤矿区第四系松散含水层的突水危险性；赵春虎评价了采煤对松散含水层地下水资源的影响；张志祥等分析了采煤对松散含水层地下水破坏机理。目前，我国煤矿开采对松散含水层影响研究成果还相对较少，仍有待学者们深入研究。

在山西的一些厚黄土覆盖煤矿区，煤层上覆松散含水层是当地居民的主要供水含水层，虽然采煤导水裂隙带高度有时不一定能到达该含水层，但会逐渐造成含水层地下水位下降或含水层疏干，严重影响居民的生产生活及社会的健康发展。截至2015年12月，针对山西煤矿开采对上覆松散含水层影响的研究成果还较少，特别是在厚黄土覆盖煤矿区，煤层开采厚度变化、煤层开采弱透水层厚度变化对上覆松散含水层影响有待深入研究。

山西某煤矿批准开采二叠系山西组3号煤层，采用综合机械化开采方法，全部垮落式管理顶板。该煤层上覆松散含水层为新近系砾石孔隙含水层和第四系砂砾石孔隙含水层，为矿区居民的主要供水水源，其中新近系含水层为承压含水层，第四系含水层为潜水含水层。为确保煤矿区地下水资源的可持续利用，采用数值模拟方法，分别研究煤层开采厚度变化、煤层开采弱透水层厚度变化对上覆松散含水层影响，以期为厚黄土覆盖区采煤过程中的地下水资源保护提供科学依据。

7.2 研究区概况

山西某煤矿气候属温带大陆性半干旱季风型气候区，地貌类型为黄土丘陵区。井田内沟谷平时干涸无水。根据井田内钻孔揭露，地层由老到新依次为奥陶系中统马家沟组（O_2m），石炭系中统本溪组（C_2b）、上统太原组（C_3t），二叠系下统山西组（P_1s），新近系上新统（N_2），第四系上更新统（Q_3）、全新统（Q_4）。主要含水层为奥陶系灰岩岩溶含水层、石炭系砂岩裂隙含水层、二叠系砂岩裂隙含水层、新近系砾石孔隙含水层及第四系砂砾石孔隙含水层。

依据煤矿区地质和水文地质等条件，为了将复杂问题简单化便于研究，对研究区二叠系山西组3号煤层上覆地层进行了概化，共划分为6层，从下到上分别为砂岩、泥页岩、砾石、红土、砂砾石及黄土，其中砾石为新近系含水层，砂砾石为第四系含水层。煤层上部地层具体情况见表7.1。

表7.1　3号煤层及其上覆地层

系	统	组	符号	岩性	厚度/m	备注
第四系	上更新统	—	Q_3	黄土	38.50	
				砂砾石	9.83	孔隙含水层
新近系	上新统	—	N_2	红土	21.75	
				砾石	13.82	孔隙含水层
二叠系	下统	山西组	P_1s	泥页岩	19.77	
				砂岩	16.52	裂隙含水层
				3号煤层	4.00	主采煤层

7.3 模型建立及求解

7.3.1 水文地质概念模型

研究区3号煤层上覆松散含水层为新近系含水层及第四系含水层，新近系含水层为承压含水层，第四系含水层为潜水含水层，地下水流运动服从达西定律。根据地层岩性及所处水文地质单元，整体上将3号煤层上覆松散含水层概化为非均质含水层，对于同一含水层而言可概化为均质含水层。研究区上部边界为第四系含水层形成的潜水位边界，属变水头边界条件。煤层开采后含水层地下水位随时间不断变化，因此将地下水流概化为非稳定流。煤层开采后，地下水流由原来的水平运动转变为垂向运动，概化为垂向一维流。因此，采煤条件下研究区地下水流态为均质、垂向、一维、非稳定潜水水流。

7.3.2 模型的求解

本书选用Visual Modflow软件建立地下水流数值模拟模型，并进行采煤影响下的地下水数值模拟计算。

7.4 模型的识别及检验

首先选择2008年4月1日至2009年1月30日作为模型的识别阶段，分10个计算时段，各时段步长为30d。对10个地下水位长期观测点的计算值与实测值进行比较，经过反复调参和模型运行，地下水位计算值与实测值拟合较好，最终得到模型水文地质参数（表7.2）。经识别，各时段观测点的地下水位计算值与实测值拟合误差小于0.5m者达到86%，符合识别要求。

表7.2 模型水文地质参数

符号	岩性	渗透系数/(m/d)	给水度
Q_3	黄土	0.26	0.06
	砂砾石	22.7	0.25
N_2	红土	0.00082	0.005
	砾石	28.2	0.31
P_1s	泥页岩	0.0065	0.007
	砂岩	8.6	0.28

选择2009年3月1日至12月30日作为模型的检验时段，分10个计算时段，各时段步长为30d，对同样10个地下水位长期观测点进行拟合。经检验，各时段观测点的地下水位计算值与实测值拟合误差小于0.5m者达到92%，符合检验要求。

根据检验可知，本书所建数值模型是正确的，能够较好地反映采煤条件下的研究区水文地质特征，可用于进行煤层开采厚度变化、煤层弱透水层厚度变化对上覆松散含水层地下水影响的预报。

7.5 不同开采条件模拟方案

7.5.1 煤层开采厚度变化对松散含水层影响模拟方案

以概化的研究区地层为背景，以建好的数值模型为基础，共设计 6 组预报方案，即煤层开采厚度分别为 2m、4m、6m、8m、10m 和 12m，用以探讨煤层开采厚度变化对上覆松散含水层的影响，各方案的预报模拟时间均为 300d。模拟前的新近系含水层地下水位为 998.66m，含水层底板标高为 984.28m。模拟前的第四系含水层地下水位为 1028.48m，含水层底板标高为 1019.85m。

7.5.2 煤层开采弱透水层厚度变化对松散含水层影响模拟方案

为了分析煤层开采弱透水层厚度变化对上覆松散含水层的影响，数值模拟共设计 6 组方案，即弱透水层厚度分别为 30m、40m、50m、60m、70m 和 80m。在具体的预报模型中，新近系含水层初始地下水位为 998.66m，含水层底板标高为 984.28m；第四系含水层初始地下水位为 1028.48m，含水层底板标高为 1019.85m。在不同的弱透水层厚度模拟方案中，采煤对上覆含水层影响的模拟时间均为 300d。

7.6 煤层开采厚度变化对松散含水层影响预报及分析

7.6.1 对新近系含水层影响分析

经数值模型运转，得到新近系含水层在不同煤层开采厚度条件下的地下水位数值模拟结果如图 7.1 所示。

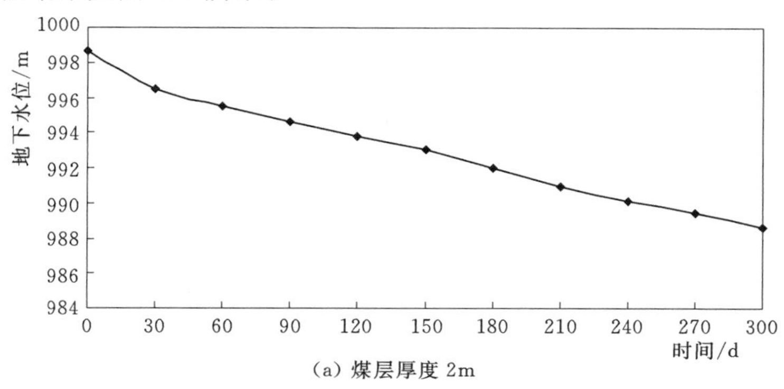

(a) 煤层厚度 2m

图 7.1（一） 不同煤层开采厚度下新近系含水层地下水位变化

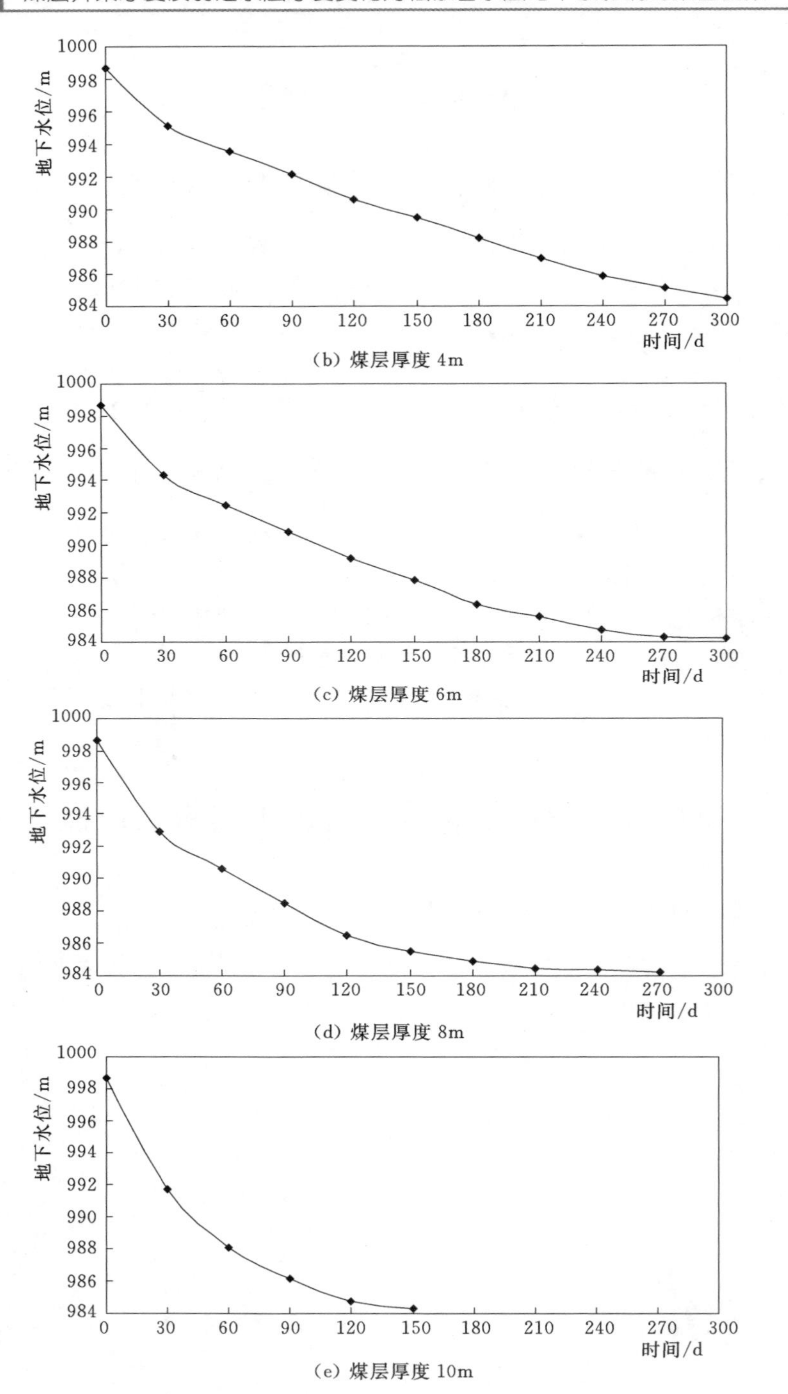

(b) 煤层厚度 4m

(c) 煤层厚度 6m

(d) 煤层厚度 8m

(e) 煤层厚度 10m

图 7.1（二） 不同煤层开采厚度下新近系含水层地下水位变化

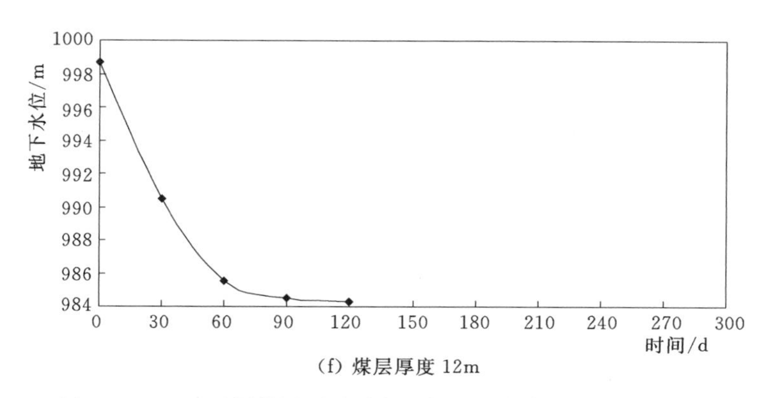

(f) 煤层厚度 12m

图 7.1（三） 不同煤层开采厚度下新近系含水层地下水位变化

由图 7.1 可以看出，在采煤条件下，对于同一厚度煤层，新近系含水层在第一个月内地下水位降深值最大，采厚为 2m、4m、6m、8m、10m 和 12m 时的地下水位降深值分别达到 2.14m、3.54m、4.32m、5.75m、6.95m 和 8.2m，均大于 2m。说明在不同煤层开采厚度条件下，煤炭开采产生的导水裂隙带高度均到达新近系含水层的底板，由于煤层开采初次放顶的缘故，在模拟期第一个月内造成新近系含水层地下水位迅速下降，之后随着采煤的继续进行，新近系含水层在后期各月的地下水位降深值均呈逐渐减小趋势。

在整个模拟期，当采厚为 2m 时，第 300d 含水层地下水位下降到 988.65m，高于含水层底板，总水位降深值为 10.01m；当采厚为 4m 时，第 300d 含水层地下水位下降到 984.42m，高于含水层底板，总水位降深值为 14.24m；当采厚为 6m 时，第 300d 含水层地下水位下降到 984.26m，低于含水层底板，总水位降深值为 14.4m；当采厚为 8m 时，第 270d 含水层地下水位下降到 984.25m，低于含水层底板，总水位降深值为 14.41m；当采厚为 10m 时，第 150d 含水层地下水位下降到 984.27m，低于含水层底板，总水位降深值为 14.39m；当采厚为 12m 时，第 120d 含水层地下水位下降到 984.26m，低于含水层底板，总水位降深值为 14.4m。

以上情况表明，在整个模拟期间，新近系含水层地下水位随着采煤时间的增加逐渐下降或疏干。在采厚小于 6m 时，该含水层未被疏干；在采厚为 6m、8m、10m 和 12m 时，该含水层均被疏干，疏干时间分别为 300d、270d、150d 和 120d。

7.6.2 对第四系含水层影响分析

经数值模型运转，得到第四系含水层在不同煤层开采厚度条件下的地下水位数值模拟结果如图 7.2 所示。

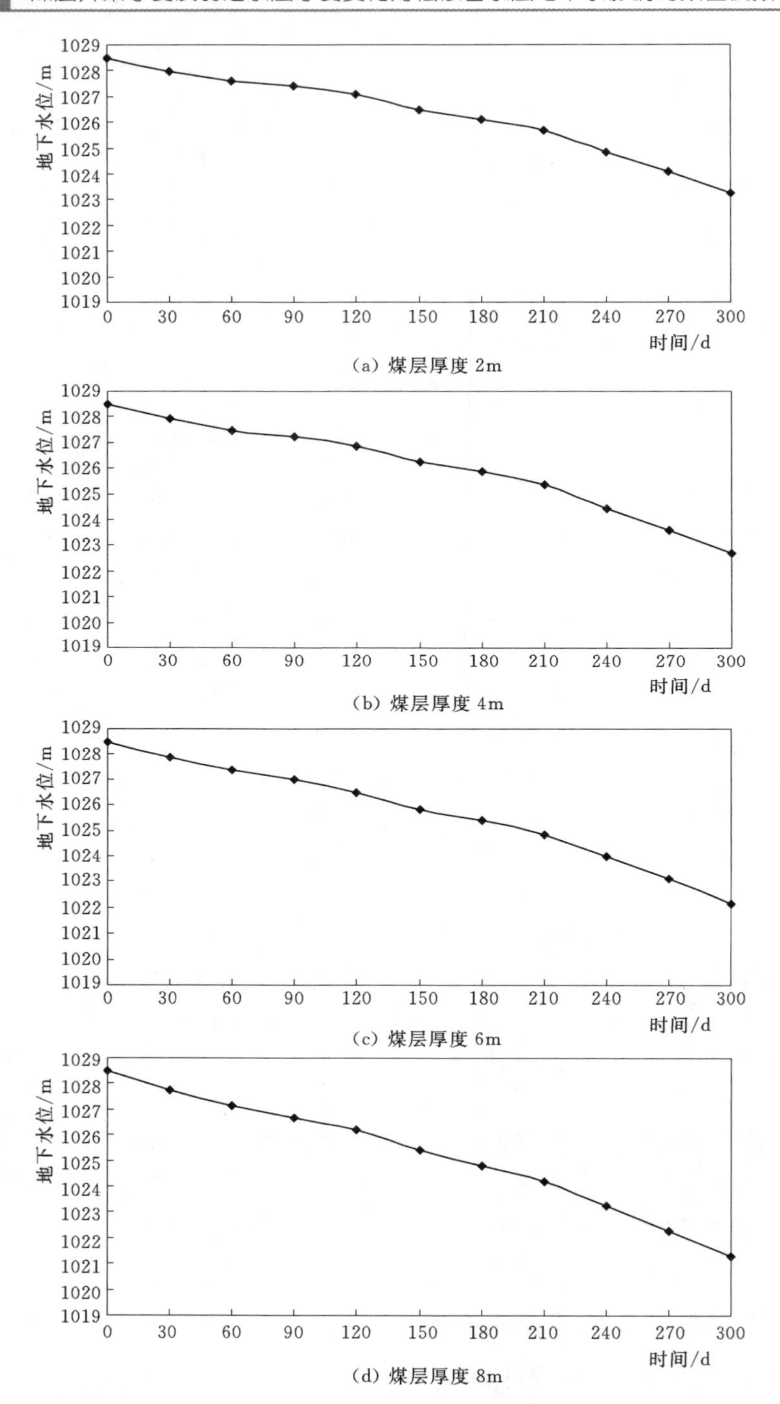

(a) 煤层厚度 2m

(b) 煤层厚度 4m

(c) 煤层厚度 6m

(d) 煤层厚度 8m

图 7.2（一） 不同煤层开采厚度下第四系含水层地下水位变化

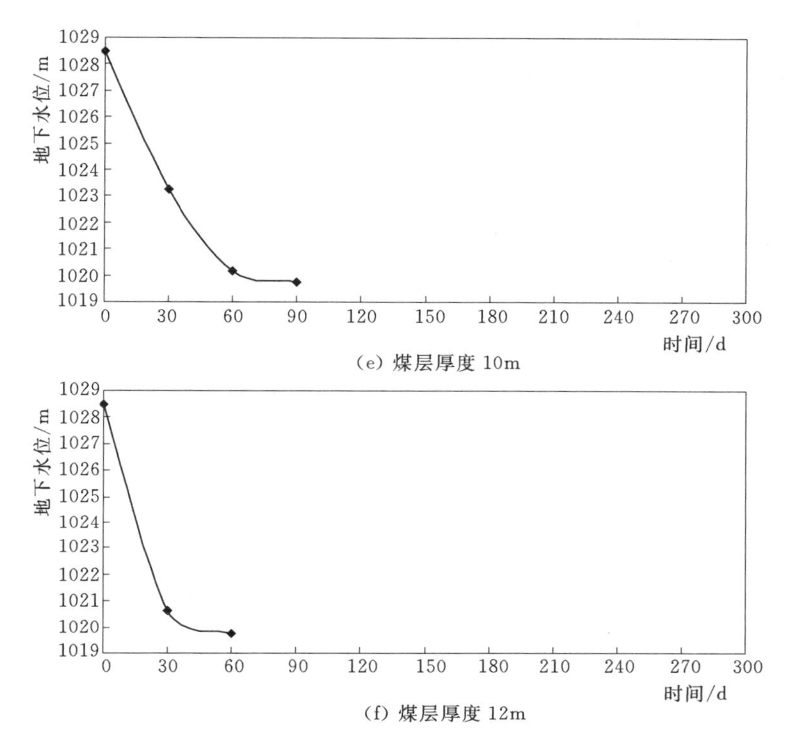

(e) 煤层厚度 10m

(f) 煤层厚度 12m

图 7.2（二） 不同煤层开采厚度下第四系含水层地下水位变化

由图 7.2 可以看出，在采煤条件下，对于同一厚度煤层，第四系含水层在第一个月内地下水位降深值最大，采厚为 2m、4m、6m 和 8m 时的地下水位降深值分别达到 0.51m、0.57m、0.62m 和 0.75m，均小于 1m；而采厚为 10m、12m 时的地下水位降深值分别达到 5.22m、7.85m，均大于 5m。说明煤层开采厚度小于 10m 时，虽然采煤产生的导水裂隙带高度没有到达第四系含水层底板，但是由于下部新近系含水层地下水位的下降，引起第四系含水层通过下部弱透水层越流向下渗漏，在模拟期的第一个月内造成地下水位缓慢下降，降幅较小；煤层开采厚度为 10m、12m 时，煤炭开采产生的导水裂隙带高度均到达第四系含水层底板，在模拟期的第一个月内造成地下水位迅速下降，降幅比小采厚时大得多，之后随着煤炭开采的继续进行，第四系含水层在后期各月的地下水位降深值均呈逐渐减小趋势。

在整个模拟期，当采厚为 2m 时，第 300d 含水层地下水位下降到 1023.27m，高于含水层底板，总水位降深值为 5.21m；当采厚为 4m 时，第 300d 含水层地下水位下降到 1022.67m，高于含水层底板，总水位降深值为 5.81m；当采厚为 6m 时，第 300d 含水层地下水位下降到 1022.15m，高于含水层底板，总水位降深值为6.33m；当采厚为8m时，第300d含水层地下水位下降到1021.31m，高于含水层底板，总水位降深值为7.17m；当采厚为10m时，第90d含水层地下水位下降到1019.76m，低于含水层底板，总水位降深值为8.72m；当采厚为12m时，第60d含水层地下水位下降到1019.73m，低于含水层底板，总水位降深值为8.75m。

以上情况表明，在模拟期间，第四系含水层地下水位同样随着采煤时间的增加逐渐下降或疏干。在采厚小于10m时，含水层未被疏干；在采厚为10m、12m时，含水层均被疏干，疏干时间为90d、60d。

7.7 煤层开采弱透水层厚度变化对松散含水层影响预报及分析

7.7.1 对新近系含水层影响分析

经数值模型运转，得到煤层开采弱透水层厚度变化对新近系含水层地下水位影响的数值模拟结果如图7.3所示。

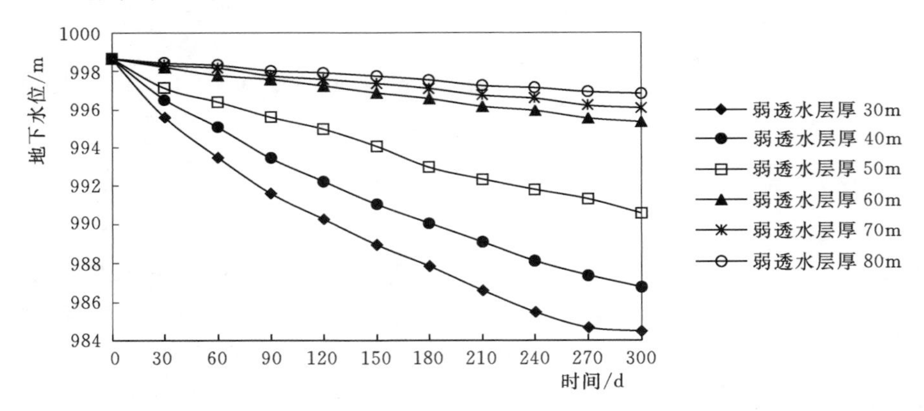

图7.3 不同弱透水层厚度条件下新近系含水层地下水位变化

由图7.3可以看出，对于同一厚度弱透水层，新近系含水层在最初的一个月内地下水位下降是明显的，其中弱透水层厚度为30m、40m、50m时的地下水位下降分别为3.08m、2.12m、1.53m，均大于1.5m；而采厚为60m、70m、80m时的地下水位下降分别为0.45m、0.34m、0.23m，均小于0.5m。说明弱透水层厚度小于等于50m时，采煤产生的导水裂隙带高度均到达新近系含水层底板，在模拟期的第一个月内造成含水层发生渗漏，引起地下水位下降幅度较大。当弱透水层厚度大于50m时，虽然导水裂隙带高度没有到达新近系含水层底板，但是采煤引起新近系含水层通过下部弱透水层越流向下渗漏，含水层产生越流，在模拟期的第一个月内也会造成地下水位下降，只是下降幅度较小。之后随着煤炭开采的继续进行，新近系含水层地下水位在后期各月的下降幅度均呈逐渐减小趋势。

在整个模拟期，当弱透水层厚度为30m时，第300d含水层地下水位下降到984.48m，含水层未被疏干，水位下降值为14.18m；当弱透水层厚度为40m时，第300d含水层地下水位下降到986.78m，含水层未被疏干，水位下降值为11.88m；当弱透水层厚度为50m时，第300d含水层地下水位下降到990.57m，含水层未被疏干，水位下降值为8.09m；当弱透水层厚度为60m时，第300d含水层地下水位下降到995.35m，含水层未被疏干，水位下降值为3.31m；当弱透水层厚度为70m时，第300d含水层地下水位下降到996.11m，含水层未被疏干，水位下降值为2.55m；当弱透水层厚度为80m时，第300d含水层地下水位下降到996.85m，含水层未被疏干，水位下降值为1.81m。

以上情况表明，在煤层开采弱透水层厚度变化对上覆含水层影响模拟期间，新近系含水层地下水位下降幅度随着弱透水层厚度的增大逐渐减小，含水层未被疏干；在弱透水层厚度不大于50m时，导水裂隙带到达含水层底板，直接造成含水层渗漏；在弱透水层厚度大于50m时，导水裂隙带未到达含水层底板，新近系含水层产生越流。

7.7.2 对第四系含水层影响分析

经数值模型运转，得到煤层开采弱透水层厚度变化对第四系含水层地下水位影响的数值模拟结果如图7.4所示。

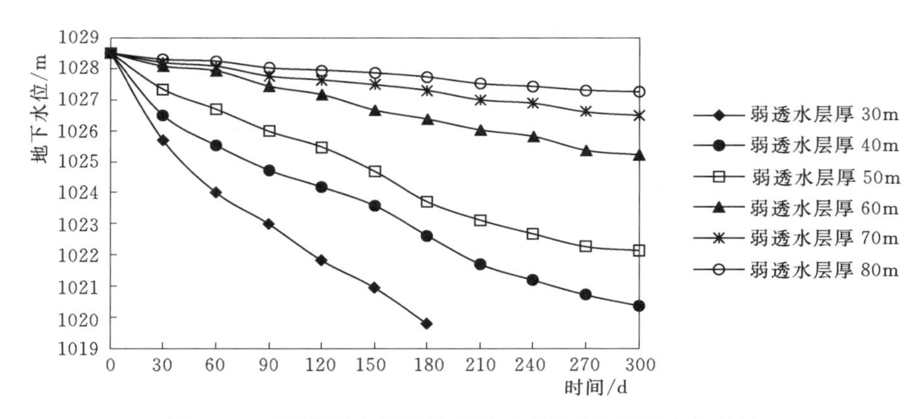

图7.4　不同弱透水层条件下第四系含水层地下水位变化

由图7.4可以看出，对于同一厚度弱透水层，含水层在最初的一个月内地下水位下降也是很明显的，其中弱透水层厚度为30m、40m、50m时的地下水位下降值分别为2.8m、2m、1.16m，均大于1m；而采厚为60m、70m、80m时的地下水位下降值分别为0.42m、0.3m、0.2m，均小于0.5m。说明煤层开采弱透水层厚度变化已经影响到最上部的第四系含水层，虽然导水裂隙带高度没有到达该含水层底板，但是采煤引起该含水层通过下部弱透水层越流向下渗漏，在模拟期的第一个月内也会造成地下水位下降，只是下降幅度与同期的新近系含水层相比较小。之后随着采煤的继续进行，含水层地下水位在后期各月的下降幅度均呈逐渐减小趋势。

在整个模拟期，当弱透水层厚度为30m时，第180d含水层地下水位下降到1019.82m，含水层被疏干，总水位下降值为8.66m；当弱透水层厚度为40m时，第300d含水层地下水位下降到1020.38m，含水层未被疏干，总水位下降值为8.1m；当弱透水层厚度为50m时，第300d含水层地下水位下降到1022.15m，含水层未被疏干，总水位下降值为6.33m；当弱透水层厚度为60m时，第300d含水层地下水位下降到1025.21m，含水层未被疏干，总水位下降值为3.27m；当弱透水层厚度为70m时，第300d含水层地下水位下降到1026.5m，含水层未被疏干，总水位下降值为1.98m；当弱透水层厚度为80m时，第300d含水层地下水位下降到1027.25m，含水层未被疏干，总水位下降值为1.23m。

以上情况表明，在煤层开采弱透水层厚度变化对上覆含水层影响模拟期间，第四系含水层地下水位下降幅度也随着弱透水层厚度的增大逐渐减小，导水裂隙带未到达含水层底板，含水层也产生越流；在弱透水层厚度为30m时，第180d含水层被疏干；在弱透水层厚度大于30m时，第四系含水层未被疏干。

7.8 结　　论

（1）在不同煤层开采厚度条件下，上覆松散含水层的地下水位随着采煤时间的增加逐渐下降或疏干。

（2）对于新近系含水层，在不同采厚条件下，导水裂隙带高度均到达含水层底板。采厚小于6m时，含水层未被疏干；采厚为6m、8m、10m和12m时，含水层均被疏干。

（3）对于第四系含水层，在采厚小于10m时，导水裂隙带高度没有到达含水层底板，地下水通过弱透水层越流向下渗漏，但含水层未被疏干；在采厚为10m、12m时，导水裂隙带高度均到达含水层底板，含水层均被疏干。

（4）受采煤影响，松散含水层主要表现在直接渗漏或越流。煤层开采厚度越大，松散含水层受采煤影响越大。

（5）在模拟期间，受采煤的影响，上覆松散含水层地下水位下降幅度随着弱透水层厚度的增大逐渐减小。

(6) 新近系含水层未被疏干。在弱透水层厚度不大于50m时,导水裂隙带到达含水层底板,直接造成含水层渗漏;在弱透水层厚度大于50m时,导水裂隙带未到达含水层底板,新近系含水层产生越流。

(7) 导水裂隙带未到达第四系含水层底板,第四系含水层也产生越流。在弱透水层厚度为30m时,第180d第四系含水层被疏干;在弱透水层厚度大于30m时,第四系含水层未被疏干。

(8) 松散含水层受采煤影响主要表现在直接渗漏或越流。弱透水层厚度越大,含水层受采煤影响越小。

第8章 煤矿开采对矿区水环境的污染

8.1 污染物种类与特征

山西多数煤矿在采煤和选煤过程中，一般会产生大量的煤矸石，长年累月地堆放在地面上，而且大多都未采取防渗处理措施，往往造成地下水水质的污染。煤矸石对水质的污染主要是因为在降水淋溶和自身所载水分的作用下发生一系列的物理化学变化，其中有毒有害物质在水动力的影响下进入煤矿区地下水，造成地下水水质遭受污染。还有许多煤矿在选煤过程中产生的污水不经处理直接排放，也对地下水水质造成不同程度的污染。

在煤炭开采及闭坑过程中，大量未经处理的矿井水直接排放或溢出地表，排入河道后引起地表水的污染，当地表水通过河道等直接渗漏矿井，沟通了地表水和含水层之间的联系，为污染物进入含水层开辟了途径，又间接造成了含水层中地下水的污染。当矿井关闭后，正常排水条件改变，使得原有的已被扰动了的矿区地下水流场和赋存环境再次发生变化。由于长期的采矿排水活动揭露和串通了多个不同的含水层，一旦采煤活动停止，这种平衡将遭到破坏，地下水动力场将变得异常复杂。地表水、地下不同含水层中的水及采矿空间的水将形成复杂的补排关系和交替模式，原被采煤作业已疏干的含水层及采煤扰动裂隙空间将被重新充水，且矿井系统的水化学环境也会发生明显变化，特别受闭坑煤矿酸性矿井水的出现，这一切都会造成地下水产生新的污染。

山西煤矿区及其周围地下水水质评价结果显示，水质污染主要超标项目为SO_4^{2-}、NO_3^-、总硬度、矿化度、Mn、Pb及挥发酚。上述超标项目在浅、中层井水样的超标率要高于深层井水样的超标率。受到煤矿开采的持续影响，山西许多岩溶大泉如娘子关泉、辛安泉、晋祠泉、延河泉、龙子祠泉及神头泉等的水质已经遭受不同程度的污染。

山西煤矿区采煤造成水环境污染是矿山普遍存在的环境问题。据实地调查和访问山西的许多煤矿，煤炭的采掘生产活动同其他生产活动一样，需排放各类废弃物，如矿井水、煤矸石和尾矿等，由于采煤活动时间长及废弃物的不合理排放和堆存，对矿区及其周围水环境构成了不同程度的污染危害。

根据研究成果，山西煤矿区煤矸石的主要成分有碳、氢、氧、硅、铝、硫、铁及钙等常量元素，因成煤环境的不同，还常含有镉、铬、砷、汞、铅、锌、铜及氟等微量元素，这些元素通过煤矸石的淋滤作用渗滤到土壤中，进而污染地下水，或因煤矸石的自燃，产生 CO、CO_2、SO_2、H_2S 及烟尘，经雨水的作用渗滤到地下水中造成污染，这在阳泉矿区的某些煤矿已经得到证实。

山西各煤矿在选煤过程中，洗煤水中含有大量的煤及泥沙，有时含有溶解性有毒物质，如铜、铁、锌、铝等。洗煤废水酸度很高，且含有大量煤，矿物中的硫黄由于生物的作用成为硫酸，与其他元素作用形成硫酸铁等化合物，当洗煤水渗入土壤及地下水中，便造成地下水体的污染。

有关资料表明，山西煤矿区的酸性矿井水较多，有生产矿酸性矿井水及闭坑矿酸性矿井水。酸性矿井水主要污染物有：①有毒污染物，包括汞、铅、铬等重金属及氟化物、氰化物等无机毒物及一些有机毒物；②放射性污染物，包括天然铀、镭、氡的 a 系列核素；③无机污染物，包括无机酸、盐类和无机悬浮物。酸性矿井水的大量排放对山西煤矿区水资源产生很大危害，污染地表及地下自然水体，引起大量水资源流失，造成矿区生产及生活严重缺水。据野外调查，酸性矿井水特别是闭坑酸性矿井水在阳泉矿区最为典型，大量溢出的闭坑酸性矿井水排入河道。如阳泉市郊区山底村一带的闭坑煤矿酸性矿井水已经从地下溢出地表，流经约 1km 后渗入下游奥陶系灰岩裸露区。如果这些酸性矿井水不妥善处理，随着采空区酸性矿井水水位的上升及溢出水量的增多，对娘子关泉域岩溶水的潜在威胁将会更大。

8.2 采煤对水环境的污染方式

8.2.1 直接污染

1. 煤矸石以及选煤过程中排放污水对水环境的污染

在采煤和选煤过程中，一般会产生大量的煤矸石。煤矸石对水环境的污染主要体现在露天堆放的煤矸石在降雨、降雪淋溶和自身所载水分的作用下发生一系列的物理化学变化，其中有毒有害物质在水动力影响下进入地表或地下水环境，造成矸石周围地区的地表水和地下水严重污染。另外，煤矿在选煤过程中也会产生含污染成分的污水，这些污水如果不经处理而排放，也会对地表、地下水资源的水质造成不同程度的污染。

2. 酸性矿井水对水环境的污染

煤矿开采时井下揭露的来自各种水源的混合水，大多是酸性水。矿井水本身的水质主要受当地地层岩性、地质构造、各种煤系伴生矿成分、所在地区的环境条件等因素影响。当矿井水流经采煤工作面时，将带入大量的煤粉、岩粒等悬浮物，并受到井下生产活动的影响，矿井水往往含有较多的细菌。特别是开采高硫煤时受煤层及其周围岩中硫铁矿的氧化作用，矿井水呈现高酸性和高铁性等。酸性矿井水这种潜在污染源的存在，严重破坏地下水资源和地下水循环系统，都会造成水环境的污染。

8.2.2 间接污染

山西许多矿区煤炭开采后，导致煤系上覆含水层或下伏含水层地下水位大幅度下降及地面塌陷及地裂缝的发生，当被污染的地表水通过河道及塌陷坑等直接渗漏矿坑，沟通了地表水和含水层之间的联系，为污染物进入含水层开辟了途径，又间接造成了各含水层中地下水的污染。另外，如果用矿井水或被矿井水污染的地表水进行农业灌溉，也会因灌溉水的入渗造成地下水的间接污染。

8.3 采煤对水环境污染机理分析

8.3.1 煤矸石对水环境污染机理

山西煤矿区煤矸石对地下水污染的主要形式有两个方面。

1. 可溶盐溶解

煤矸石中的无机盐类具有很强的可溶性，是地下水污染组分的主要物质来源。在长期的降水淋滤作用下，这些可溶的污染组分以溢流水为运动载体向外排泄并下渗进入地下含水层，导致地下水无机盐类组分含量升高，造成地下水的严重污染。

2. 水文地球化学作用

煤矸石的露天堆积使岩石从原来的还原环境转化为氧化环境，在长期的风化作用下，岩石的内部结构被破坏，使矿物晶格中的离子分解游离出来，由原来的化合态转化为游离态，使污染物组分的能量系数降低，溶解度升高，迁移能力增强。在这一转化过程中伴随了一系列的化学反应，如富含黄铁矿岩石分解生成硫酸盐，含氮矿物分解生成硝酸盐。

上述各种来源的污染物在进入区域含水层的过程中与周围介质之间发生了一系列的物理化学作用，使地下水组分发生改变，导致山西煤矿区地下水的严重污染。

8.3.2 闭坑煤矿区酸性矿井水形成机理

闭坑煤矿会诱发水文地质效应，导致矿区新的地下水系统形成，而新的地下水系统又进一步诱发水文地质效应。由于山西省水资源紧缺，随着闭坑煤矿的增多，闭坑煤矿地下水污染问题特别是酸性矿井水必须引起学者及水资源管理部门的关注。这是因为闭坑煤矿酸性矿井水会通过煤层顶底板导水裂隙、封闭不良的钻孔、断层等途径串层污染地下水。据实地调查，阳泉市郊区山底村小流域一带的闭坑酸性矿井水（图 8.1 和图 8.2）已经从地下溢出地表，流经约 1km 后渗入下游奥陶系灰岩裸露区。山底河流域面积 $58km^2$，在娘子关泉域内。由于闭坑矿井源源不断溢流出的高矿化度、高硬度、高硫酸盐、低 pH 值酸性水通过河道灰岩裸露区补给岩溶地下水，如果酸性矿井水得不到妥善处理，必将对娘子关泉域岩溶水造成严重污染。

图 8.1 酸性矿井水出露点

图 8.2 酸性矿井水流入河道

1. 闭坑煤矿酸性矿井水形成条件

（1）聚水空间。在山西许多闭坑煤矿区，存在着大面积的老采空区，这些区域就形成了地下水的聚水空间。聚水空间的大小决定了老采空区中水的存在规模和形态特征等。老采空区水的储存情况受多方面因素影响，主要包括水源类型、含水层富水性、岩层裂隙发育情况、覆岩破碎程度及活化特征、老采空区空间分布特征等。老采空区充水过程与补给水源类型、渗透途径、渗透条件等有关。水源充足有稳定补给，水流渗透途径发育，则充水量大、充水过程迅速。积水、排泄过程受老采空区空间分布特征、规模大小、周围岩性特征、透水性能等条件影响。随着时间的推移，老采空区水的补排量达到平衡状态，蓄水能力达到最大值，积水量保持不变。

（2）充水水源。据山西各煤田的煤矿地质报告可知，老采空区积水的水源主要包括大气降水、地表水、松散层水、基岩裂隙水及岩溶水等。大部分老采空区积水往往是由多种充水水源共同作用而形成，单一充水水源的矿井老采空区积水情况相对较少。不同类型的补给水源通过各种裂隙、孔隙等通道渗透补给汇聚在老采空区内形成老采空区积水，其充水特征取决于补给水源类型及充水通道发育情况等。

(3) 充水通道。充水通道是老采空区的补给水源渗透汇聚到老采空区空间的途径。据对山西各地煤矿区的实地调查和访问，闭坑矿区常见的充水通道有：煤层顶板垮落形成的冒落裂隙通道、底板突破通道、陷落柱、地层的裂隙与断裂带、地面塌陷坑、断层、封闭不良钻孔等。结构类型各异的老采空区，其充水通道一般由多种通道相互组合而成。

2. 闭坑煤矿酸性矿井水形成的化学反应

对于山西煤矿区，由于煤炭资源大规模的开采，在开采区域内会形成一定规模的采空区。当可采煤层停止开采并且采空区地表移动变形衰退期结束后，这些采空区就成为老采空区，并且会聚集大量的地下水形成老采空区积水。由于煤矿开采及闭坑后采空区处于氧化环境，含硫矿物的氧化、地下水流动过程中发生一系列物理化学作用等，会导致老采空区积水的水质较差，且老采空区积水循环缓慢，呈现酸性水特征。

据调查及资料分析，山西煤矿区的裂隙水多为承压水，在其含水介质中不仅富含大量的煤，同时还有黄铁矿（FeS_2）的存在。通常情况下，这些含水介质处于厌氧的还原环境中，因而其中的黄铁矿处于相对稳定状态，几乎不参与氧化还原反应，地下水中不会富含硫。当煤炭开采后，由于对上覆裂隙含水层的疏干排水，引起地下水位下降，水位的波动必然使原来的一部分含水层暂时转化为包气带，氧气进入原来的含水介质空间，使地层中的黄铁矿被氧化。在水位向下波动的同时，加快了地下水的循环，既对硫酸根离子进行稀释，也带入更多的溶解氧，使得上述反应进行的更快更充分，形成了煤矿开采过程中的酸性矿井水。当煤矿闭坑后，补给水源通过渗透途径进入老采空区的过程中，水里会溶解一定浓度的CO_2，水的酸性会相应增强。含有CO_2的水的侵蚀性增强，流经岩层的过程中会发生各种物理化学作用，使水中的Ca^{2+}、Mg^{2+}含量增加。由于老采空区处于氧化环境状态，伴随着黄铁矿的氧化反应生成硫酸盐，释放出H^+导致水的pH值逐渐减小，形成$HCO_3 \cdot SO_4 - Na$型水；随着硫化矿物的溶解量加大和游离硫酸的生成量增加，SO_4^{2-}浓度含量越来越高，同时Ca^{2+}、Mg^{2+}浓度含量增加，逐渐形成$SO_4 - Ca \cdot Mg$型水，老采空水的矿化度会越来越高，逐渐形成闭坑煤矿酸性矿井水。

根据相关研究成果，结合山西煤矿区的可采煤层及围岩岩性特征，分析认为山西闭坑煤矿酸性矿井水的形成主要发生如下化学反应：

(1) 黄铁矿中的二硫化铁在潮湿有氧条件下会发生氧化，生成硫酸亚铁和硫酸，生成的硫酸亚铁在有氧环境和酸性条件下生成硫酸铁。

$$2FeS_2 + 7O_2 + 2H_2O = 2FeSO_4 + 2H_2SO_4$$

（2）在潮湿有氧环境下，硫酸亚铁会被氧化生成硫酸铁和氢氧化铁。

$$12FeSO_4 + 3O_2 + 6H_2O = 4Fe_2(SO_4)_3 + 4Fe(OH)_3$$

（3）在上述反应中生成的硫酸铁溶于水中，在有氧条件下，硫酸铁能与老采空区内存在的各种硫化矿物继续发生反应，生成各种硫酸盐。

$$Fe_2(SO_4)_3 + MS + H_2O + 3/2O_2 = MSO_4 + 2FeSO_4 + H_2SO_4$$

（4）当水中的酸性减弱时，硫酸铁会发生水解反应，生成氢氧化铁和硫酸。

$$Fe_2(SO_4)_3 + 6H_2O = 2Fe(OH)_3 + 3H_2SO_4$$

3. 闭坑煤矿酸性矿井水影响因素

（1）煤层中含有较高的硫成分。如果硫含量相对较低，一般情况下不会产生酸性水特征，只有当煤层中硫含量达到一定程度时，才能使水呈现酸性特征。含硫物质在潮湿有氧环境下会产生溶滤、氧化等物理化学作用，生成的硫酸溶于水中，使老采空区积水呈现酸性特点。

（2）氧气含量。在潮湿有氧条件下，其氧化速度相对较快。在隔离封闭的条件下，氧气含量较低，缺乏足够氧气含量的还原环境，在微生物的生命活动下会发生脱硫酸作用，pH 值升高，同时 HCO_3^- 浓度会上升。

（3）地下水补径排条件。在有氧潮湿的环境条件下，含硫矿物的氧化速率相对较快，生成的硫酸盐容易在老空区内富集，其浓度较高；但在有稳定补给水源、地下水补径排条件完整且更新较快的情况下，溶液浓度不断经过稀释会逐渐降低，很难呈现酸性水的特点。

（4）时间因素。老采空区积水时间长短会影响含硫物质的氧化程度，时间越长，硫化物氧化程度越强，酸性产物产生量增加，SO_4^{2-} 浓度较高。其次地下水流速越慢，时间越长，则有利于硫化矿物的溶解、氧化等物理化学作用充分反应，随之酸性产物溶于水中的含量将增加，酸性也会增强。

第9章 采煤诱发的地质灾害类型及其特征

地质灾害是指在自然或者人为因素的作用下形成的，对人类生命财产造成损失、对环境造成破坏的地质作用或地质现象。它在时间和空间上的分布变化规律，既受制于自然环境，又与人类活动有关，往往是人类与自然界相互作用的结果。常见的地质灾害主要指危害人民生命和财产安全的崩塌、滑坡、泥石流、地面塌陷、地裂缝、地面沉降6种与地质作用有关的灾害。

地质灾害按危害程度和规模大小分为特大型、大型、中型、小型地质灾害险情和地质灾害灾情。

（1）特大型地质灾害险情：受灾害威胁，需搬迁转移人数在1000人以上或潜在可能造成的经济损失1亿元以上的地质灾害险情。特大型地质灾害灾情：因灾死亡30人以上或因灾造成直接经济损失1000万元以上的地质灾害灾情。

（2）大型地质灾害险情：受灾害威胁，需搬迁转移人数在500人以上、1000人以下，或潜在经济损失5000万元以上、1亿元以下的地质灾害险情。大型地质灾害灾情：因灾死亡10人以上、30人以下，或因灾造成直接经济损失500万元以上、1000万元以下的地质灾害灾情。

（3）中型地质灾害险情：受灾害威胁，需搬迁转移人数在100人以上、500人以下，或潜在经济损失500万元以上、5000万元以下的地质灾害险情。中型地质灾害灾情：因灾死亡3人以上、10人以下，或因灾造成直接经济损失100万元以上、500万元以下的地质灾害灾情。

（4）小型地质灾害险情：受灾害威胁，需搬迁转移人数在100人以下，或潜在经济损失500万元以下的地质灾害险情。小型地质灾害灾情：因灾死亡3人以下，或因灾造成直接经济损失100万元以下的地质灾害灾情。

对于山西煤矿区，由于地处山区，因采煤诱发的地质灾害主要由崩塌、滑坡、泥石流、地面塌陷及地裂缝组成。在煤层开采沉陷影响下，许多煤矿出现崩塌、滑坡、泥石流、地面塌陷及地裂缝，已经对矿区群众的生命及财产安全造成危害。

9.1 地面塌陷及地裂缝地质灾害

地面塌陷是指地表岩、土体在自然或人为因素作用下向下陷落，并在地面形成塌陷坑（洞）的一种地质现象。地裂缝是地面裂缝的简称，是地表岩层、土体在自然因素（地壳活动、水的作用等）或人为因素（抽水、灌溉、开挖等）作用下产生开裂，并在地面形成一定长度和宽度裂缝的一种宏观地表破坏现象。

山西煤矿区地面塌陷、地裂缝就是因为采煤活动而引发的，如果已经对人民生命及财产构成危害，就称为采煤沉陷区地面塌陷、地裂缝地质灾害。

9.1.1 地面塌陷及地裂缝的成因

经调查和统计，山西各煤矿开采沉陷区的空间分布范围及展布方向与煤矿开采状况密切相关。地面塌陷及地裂缝的规模大小与煤炭的开采规模有关。规模较大的地面塌陷及地裂缝主要发育于一些大型煤矿采空区上部及其外围地带。中、小型煤矿由于开采不规则，特别是个体煤矿开采无一定的规律性，因此在地表往往形成不规则的、较密集的规模较小的地面塌陷及地裂缝。不同规模的地面塌陷及地裂缝既可以是开采沉陷裂隙的地表延伸而形成的地裂缝，也可以是地表岩土体的不均匀沉降诱发而形成的地裂缝及地面塌陷，即受采空影响，形成上覆岩体的不均匀沉陷，从而使地表岩（土）体发生破坏变形，形成地面塌陷及地裂缝。

一般而言，地面塌陷及地裂缝形成时间相对于煤矿开采时间具有一定的滞后性。当煤层开采之后，采空区上覆岩（土）体的变形破坏需要一定时间，因此地面塌陷及地裂缝的形成滞后于煤矿采空的形成。同时由于采空区上覆岩（土）体的岩性组合关系、厚度及其力学性质不同，不同区域形成地面塌陷及地裂缝的滞后时间长短不等。在地裂缝形成之后，受降雨特别是大暴雨的影响，进一步产生冲刷、淋滤等次生作用，使地裂缝在原有规模的基础上有所扩大。这种现象往往发生在雨季，地裂缝形成后，尽管当地群众将其填埋，但是来年雨季再次发生裂缝且规模扩大，形成次生地面塌陷。

9.1.2 地面塌陷及地裂缝的形式

根据对山西煤矿区的实地调查，并结合煤矿区地质灾害研究成果，山西煤矿区因煤层开采沉陷而发生的地面塌陷及地裂缝地质灾害形式多样。

1. 地面塌陷

（1）地面塌陷漏斗。对于井工开采浅部煤层的煤矿区，由于开采上限过高，在地表易形成地面塌陷漏斗。这些地面塌陷漏斗一般呈圆形或椭圆形，在垂直剖面上大多呈上大下小的漏斗状，规模不大。

（2）地面塌陷槽。对于一些在浅部开采厚煤层和急倾斜煤层的煤矿区，地表会出现因采煤诱发的槽形地面塌陷坑，槽底一般较平坦。

（3）台阶状地面塌陷盆地。在浅部开采急倾斜特厚煤层或多层组合煤层时，地表常出现范围较大的台阶状地面塌陷盆地。这种地面塌陷盆地，中央底面较平坦，边缘形成多级台阶状，每一台阶均向盆地中央有一落差，形成高低不等的台阶。

2. 地裂缝

(1) 张口裂缝。在开采缓倾斜及中倾斜煤层时，在地表沉陷盆地外缘受拉伸变形而出现张口裂缝。此类裂缝一般平行于采区边界，呈楔形，上口大，越往深处其口越小，在一定深度闭合。裂缝两侧岩层有少量位移。张口裂缝一般宽数毫米至数厘米，深数米，长度与采区大小有关。有的矿区地表张口裂缝组合成地堑式裂缝和环形裂缝。

(2) 压密裂缝。在开采缓倾斜至急倾斜煤层时，由于局部压力或剪切力集中作用，覆岩及地表松散层产生压密裂缝。裂缝分布较为密集，特别在软岩层和主裂缝两侧较发育。裂口一般开口小，紧闭，长度和深度较大，裂面较为平直。

对于山西各地煤矿的开采沉陷区，多年形成的地面塌陷及地裂缝已经对矿区所在地的群众等产生了一系列危害：①地裂缝、地面塌陷造成村庄房屋、道路及渠道等破坏；②地裂缝、地面塌陷毁坏农田及植被，造成农民耕种困难，自然景观发生退化；③地裂缝、地面塌陷破坏了一些地区的水源地和水井，造成居民吃水困难；④地裂缝、地面塌陷造成人员伤亡，影响社会和谐稳定。

9.2 滑坡及崩塌地质灾害

滑坡是指斜坡上的岩体由于某种原因在重力作用下沿着一定的软弱面或软弱带整体向下滑动的现象。崩塌是指较陡的斜坡上的岩土体在重力作用下突然脱离母体崩落、滚动堆积在坡脚的地质现象。滑坡和崩塌如同孪生姐妹，甚至有着无法分割的联系。它们常常相伴而生，产生于相同的地质构造环境中和相同的地层岩性构造条件下，且有着相同的触发因素，容易产生滑坡的地带也是崩塌的易发区。崩塌可转化为滑坡：一个地方长期不断地发生崩塌，其积累的大量崩塌堆积体在一定条件下可生成滑坡；有时崩塌在运动过程中直接转化为滑坡运动，且这种转化比较常见。有时岩土体的重力运动形式介于崩塌式运动和滑坡式运动之间，以至人们无法区别此运动是崩塌还是滑坡。因此地质科学工作者称此为滑坡式崩塌或崩塌型滑坡。崩塌、滑坡在一定条件下可互相诱发、互相转化：崩塌体击落在老滑坡体或松散不稳定堆积体上部，在崩塌的重力冲击下，有时可使老滑坡复活或产生新滑坡。滑坡在向下滑动过程中若地形突然变陡，滑体就会由滑动转为坠落，即滑坡转化为崩塌。有时，由于滑坡后缘产生了许多裂缝，因而滑坡发生后其高陡的后壁会不断发生崩塌。另外，滑坡和崩塌也有着相同的次生灾害和相似的发生前兆。

山西煤矿区滑坡、崩塌就是因为采煤活动而引发的，如果已经对人民生命及财产构成了危害，就称为采煤沉陷区滑坡、崩塌地质灾害。

9.2.1 煤矿区滑坡及崩塌的成因

对于山西煤矿区，由于大多地处山区，存在着规模不等的岩土坡体。这些坡体在煤层采动影响下是否会发生滑坡或崩塌，与坡体相对于周围岩土层的沉陷移动变形及破坏程度有关。这是因为坡体的开采沉陷移动变形越大，坡体上的裂缝也越严重，坡体的稳定性就越差，在开采沉陷及降雨等因素的诱发下，滑坡和崩塌发生的可能性就大；反之就小。由此可见，山西煤矿区开采沉陷引起的上覆岩体移动变形和扰动破坏，破坏了坡体原有的稳定性，是造成山西煤矿区采动滑坡及崩塌发生的根本原因。

根据库仑公式，岩土的抗剪强度 $\tau=\sigma\tan\varphi+c$，由于坡体软弱结构面上的 c、φ 值低于周围岩土体，易于产生应力集中。在煤层开采沉陷影响下，当软弱结构面上某点或某部分的应力达到和超过其抗剪强度时，即首先产生剪切破坏，该点或该部分称滑坡源（或始滑点）。在此基础上向外发展扩大，最终形成整个滑动面。也就是说，矿区坡体的一个完整的滑动面是逐渐形成的，即软弱结构面中，某一单元体首先被剪断，而后逐步延伸，形成一个完整的滑动带。由此可以说，坡体已有软弱结构面的存在，加上开采沉陷的影响，是多数煤矿区发生滑坡地质灾害的主要原因。这是因为，坡体的软弱结构面有一定的陡度并倾向临空面，而且临空面的坡度大于软弱结构面的坡度，在降水入渗的作用下，软弱结构面进一步被软化，岩土体的抗剪强度降低。对山西煤矿区，在开采沉陷的影响下，当坡体完整的滑动带形成后，坡体就会整体或分块向前移动，当位移达到一定距离后，由于能量的逐渐消失，坡体达到新的平衡状态，滑坡渐趋稳定。

根据山区地表移动理论和对山西煤矿区的现场调查分析，山西各煤矿采煤对坡体稳定性的影响可从以下三方面进行阐述。

（1）在持续采煤沉陷影响下，由于开采沉陷附加应力及山体沉陷侧向应力的影响，凸形坡体顶部及其变坡部位表层岩土体受水平拉伸变形，这就可能产生平行于坡体走向等高线方向的张性地裂缝，这些裂缝的宽度、深度、长度及密度不仅与坡体的岩土性质、地形及地质条件有关，而且也与开采条件及坡体相对于采煤工作面的位置有关。这种张性地裂缝不同程度地破坏了坡体与山体的力学联系，同时为雨季降水的快速入渗提供了通道，坡体的稳定性进一步降低，最终造成采动滑坡。

（2）当煤层被采出后，随着采空区面积的扩大，开采沉陷和岩层移动是由下向上传递的。在竖直面上不同层位的岩层，沉陷发生的时间顺序和移动量大小是不同的。从平面上来看，开采沉陷是随采煤工作面的推进而逐渐向前发展的，与工作面距离不同的点以及不同平面位置的点，沉陷发生的时间顺序和移动量大小也是不同的。必须强调的是，在煤层开采沉陷过程中，必然会破坏上覆岩体的原有应力状态，使岩体不同层位和不同位置产生不同程度的附加应力和应变。尽管岩体不同部位发生附加应力应变的时间和大小不相同，但一般都是先产生张应力和张应变，然后又转变为压应力和压应变。在开采沉陷应力应变过程中，覆岩层的节理和层理等软弱结构面将首先受到采煤扰动，特别是接近坡体表面的岩层，由于受风化剥蚀及侵蚀作用的影响，结构面上的黏聚力和摩擦力本来就很小，在受拉应力—应变过程中，结构面上的黏聚力将进一步减弱，同时在岩土体采动张应变过程中，岩土体内水的渗透作用将大大加强，从而降低层理与节理等结构面上的摩擦力与黏聚力，使原本处于稳定状态的坡体在采煤沉陷下发生滑动。

（3）在山西的一些煤矿区，开采沉陷扰动可能引起古滑坡体的活化而发生新的滑动。古滑坡体是由于原来的滑动位能和势能在滑动过程中消耗殆尽，动力与抗滑力趋于平衡而停止滑动。地下煤层开采产生的上覆岩层和地表的移动和变形，破坏了古滑坡体原有的应力平衡状态，造成古滑坡体发生活化而重新滑动。

9.2.2 影响采动滑坡的天然因素

1. 坡体形态

根据对山西煤矿区各采动滑坡现场的调查，发生采动滑坡的坡体形态呈如下特点：

（1）从平面上看，山西煤矿区采动滑坡大多发生在凸形斜坡或突出的梁峁坡体上。显然，这种平面上凸出且较狭窄的坡体由于缺少两侧岩土体支撑，抗拉和抗剪能力都较差，因而在地下煤层采动影响下较易发生滑坡。

（2）从竖直剖面上看，山西煤矿区采动滑坡主滑轴线方向的剖面大多数呈凸形状态。即坡顶比较平缓，坡面外鼓，坡脚为陡坎；或坡体的上、下部均成陡坎状，中间有起伏的不规则斜坡或直线斜坡。

2. 岩土体的力学性质

山西煤矿区采动滑坡主要是岩土体在煤层开采影响下发生剪切破坏使坡体失稳而滑动。当坡体岩土体的强度越大、整体性越好，其抗采动和抗剪切的能力越强，采动滑坡就不易发生。相反，坡体岩土体强度低、结构越松散，其抗采动和抗剪切的能力也越低，就容易发生采动滑坡。根据相关研究，山西大同煤矿区和太原西山煤矿区的地面高差、坡度和地形很相似，开采条件也基本一致，但大同煤矿区的采动滑坡却少得多。这主要是由于大同煤矿区的松散层覆盖面积及厚度均较小，地表出露的第三系和侏罗系岩体大多为石英含量较高的坚硬砂岩、砂砾岩和砂质页岩，且胶结紧密，整体性好，抗剪强度大，因而在煤层采动影响下不易发生滑坡。对于太原西山煤矿区，西部古交矿区地表覆盖着较大面积的厚黄土层，东部前山地区虽然覆盖的黄土层较少，但出露的石盒子组地层中有多层较松软的泥岩、砂质泥岩和粉砂岩，其中虽有几层砂岩，但石英含量少，强度不是很大，且层理、裂缝较发育，稳定性和抗采动能力较差，因而较易发生采动滑坡。

3. 水文地质条件

水文地质条件对山西矿区采动滑坡的影响也与其自然及工程滑坡的影响相类似。在水的作用下，降低坡体岩土体的抗剪强度和抗滑力，有利于采动滑坡的发生。当降雨或融雪产生的地表水通过坡体顶部拉伸部位的采动地裂缝向下渗流，渗入的水流将顺软弱层面渗透，从而有可能形成曲线形滑动面，产生较典型的坍滑式滑坡。

4. 地质构造

根据对山西煤矿区采动滑坡形成的分析可知，地质构造也是煤矿区采动滑坡发生的控制因素之一。这些采动滑坡的滑动面与滑坡周界往往受岩土体的层理、节理和断裂等结构面的控制。当采动坡体内有较大的断裂构造或软弱夹层时，就为采动滑坡的发生提供了条件。必须强调的是，采动滑坡主要是坡体在一定的岩性、坡形和开采条件下受开采影响产生失稳而形成的滑动和崩塌，有断层存在并不是采动滑坡的必要条件。

9.2.3 影响采动滑坡的开采条件

1. 顶板管理

据调查，山西煤矿区采煤工作面的开采面积和回采率与采煤及顶板管理方法有关。长壁式开采的工作面较大，工作面的回采率较大，因而采煤引起的覆岩与地表移动和破坏大，对坡体稳定性的影响也大，因而易发生采动滑坡。房柱式、条带式、充填式等其他开采方法的工作面较小，工作面的回采率较低，采煤引起的覆岩和地表的移动破坏较小，对坡体稳定性的影响也较小，因而不易发生采动滑坡。

2. 煤层赋存条件

根据山西各地煤矿区采煤实践总结，煤层倾角、开采深度、厚度以及深厚比的大小不仅影响覆岩及地表开采沉陷范围的大小与移动、变形的分布，同时影响覆岩与移动变形量的大小及移动破坏程度，因而对坡体的稳定性也有直接影响。对于山西的近水平或缓倾斜煤层，当采煤与顶板管理方法相同时，影响覆岩移动和破坏的主要开采因素就是开采煤层的深厚比。深厚比越大，覆岩移动破坏范围越大，但移动破坏的程度较轻；深厚比越小，覆岩与地表移动破坏范围越小，但移动破坏程度加重。

3. 工作面与坡体的相对位置

由于覆岩和地表的开采沉陷是由采空区向上传递的，因而坡体受开采影响的范围以及影响性质与采空区的对应平面位置有密切关系。当其他条件相同时，坡体的应力分布和滑动破坏性质主要取决于工作面的布置。

4. 工作面推进方向

山西煤矿区采煤工作面从不同方向推进通过坡体下方主要有以下五种情况：①顺坡开采；②逆坡开采；③侧向正交开采；④斜向顺坡开采；⑤斜向逆坡开采。由于采煤工作面推进方向不同，坡体受采动的部位顺序有所不同，因而对坡体的稳定性影响也有所差异。一般来说，顺坡开采影响大于逆坡开采，斜向顺坡开采影响大于斜向逆坡开采。至于侧向正交开采，与顺坡开采、逆坡开采差别相对较小，即工作面推进方向的影响一般比工作面与坡体相对平面位置的影响略小一些。

9.3 泥石流地质灾害

泥石流是暴雨、洪水将含有砂石且松软的土质山体经饱和稀释后形成的洪流，它的面积、体积和流量都较大，典型的泥石流由悬浮着粗大固体碎屑物并富含粉砂及黏土的黏稠泥浆组成。在适当的地形条件下，大量的水体浸透流水山坡或沟床中的固体堆积物质，使其稳定性降低，饱含水分的固体堆积物质在自身重力作用下发生运动，就形成了泥石流。泥石流是一种灾害性的地质现象。它的灾害性非常大，可冲毁城镇、企事业单位、工厂、矿山、乡村，造成人畜伤亡，破坏房屋及其他工程设施，破坏农作物、林木及耕地。

山西煤矿区泥石流就是因为采煤活动而引发的，如果已经对人民生命及财产构成了危害，就称为采煤沉陷区泥石流地质灾害。

9.3.1 煤矿区泥石流的分类

根据山西煤矿区的实际及相关研究成果，将山西煤矿区泥石流分类如下。

1. 按泥石流流体物质组成分类

(1) 煤矿排土弃渣堵沟体溃决而形成的泥石流。

(2) 煤矿弃渣分散存于沟谷源头而形成沟谷型泥石流。

(3) 煤矿区排土场坡面上发育的坡面型泥石流。

(4) 煤矿区排土场滑塌而形成的滑坡型泥石流。

2. 按泥石流沟谷形态分类

(1) 沟谷型泥石流。在山西的许多煤矿区，由于自然沟道内堆积有多种类型的松散体，在暴雨时易形成泥石流，这是发育比较完整的泥石流沟，流域轮廓清晰，多呈瓢形、长条形或树枝状，能明显地区分泥石流的形成区、流通区和堆积区。

(2) 山坡型泥石流。在山西的少数煤矿区，在矿区坡面上发育小型泥石流沟谷，流域面积一般不超过 $2km^2$，流域轮廓呈哑铃形，没有明显的流通区，形成区和堆积区相贯通，形成坡度极陡，沟坡和山坡几乎一致，重力侵蚀和坡面侵蚀交织在一起，由于汇水面积小，松散固体物质补给充分，故多形成黏性泥石流。

3. 按降雨强度分类

对山西部分煤矿，在降雨影响下，以采煤和矿山建设的弃土、石渣松散堆积物为固体物质来源形成的泥石流称为降雨型泥石流。根据降雨强度大小，降雨型泥石流可分为暴雨型泥石流及一般降雨型泥石流两个亚型。据统计，山西煤矿区多发生暴雨型泥石流。

4. 按泥石流流体性质分类

一般而言，山西煤矿区泥石流按流体性质可分为稀性泥石流、黏性泥石流以及介于这两者之间的过渡性泥石流。

9.3.2 煤矿区泥石流形成机理

1. 泥石流的人为物质来源

(1) 废石矿渣直接补给。直接补给指山西煤矿区采煤、修路等所导致的人为固体松散堆积物，主要有：①露天采煤剥采过程中提供的松散堆积物；②矿井建设排放弃渣；③废弃的煤矸石排放堆积物。

(2) 矿山建设及生产造成的间接补给。在山西煤矿区建设和煤炭资源开发过程中，除直接造成大量的弃土石渣外，更为严重的是破坏了原有的地形，加大了地形坡度，使土壤侵蚀加重。另外，下部煤层开采使坡体发生崩塌、滑坡等，增加了泥石流物源的补给量。

2. 泥石流的水动力条件

水在山西煤矿区泥石流暴发中有三大作用：①流域面上降雨径流造成坡面侵蚀，使固体物质汇集到泥石流沟内造成固体物质的富集，水流侵蚀切割泥石流沟道两侧的岩体或土体失稳，从而促成了崩塌或滑坡等，水还可以侵入到岩体或土体，使它们与下伏岩层之间的摩擦系数减小，使岩体或土体滑坡；②水分使固体物质饱和液化；③水是泥石流暴发的主要动力。

3. 煤矿泥石流的启动机理

山西煤矿区泥石流形成是在一定的物源条件和水源条件下，达到一定的临界状态，构成泥石流启动的动力条件才形成的。煤矿区泥石流的动力条件较一般自然泥石流有所加强，主要表现在：①采煤加大了沟床坡度使山坡变陡，地面高差增大，从而加强了侵蚀能力；②大量矿渣废石的堆放，使沟床压缩，增大流深和流速，也就增强了流体的动力和冲刷力；③由于堆放矿渣造成沟道堵塞，水土不断积聚，增大了位能。

第10章 煤矿开采对地形地貌景观及土地资源的破坏

山西煤矿区煤炭生产过程中对矿区地形地貌景观及土地资源的破坏是一个很复杂的问题，其破坏的形式、规模和程度与一定的气候、地形、地貌、地质、水文地质以及开采煤层的赋存条件、开采规模和开采方法等诸多因素有关。

10.1 采煤对地形地貌景观与土地资源的破坏机制

据实地调查，山西煤矿区采煤对地形地貌景观和土地资源的破坏形式分为挖损、压占、沉陷和污染四种类型，其产生原因、物理特征及发生范围见表10.1。露天煤矿开采造成露天采场的挖损和排弃物的压占，井工煤矿开采造成沉陷和排弃物的压占，在所有矿山均有发生。

表10.1 山西煤矿区地形地貌景观和土地资源破坏原因

破坏形式		产生原因	物理特征	发生范围
挖损		矿区岩土层被剥离移走	原有土地类型消失	被剥离区域
压占		矿区土地被外来物质压覆	原有土地类型消失	被压占区域
沉陷	下沉	煤层采空，地表连续变形	下沉盆地、积水	采空区上方
	倾斜	煤层采空，地表发生不均匀沉降	坡地（附加坡度）	采空区上方周边区
	裂缝及台阶	地表下沉时引起的拉伸变形	堑沟、地裂缝	下沉范围内
	塌陷坑	煤层采空，地表出现非连续变形，断裂	漏斗状	急倾斜煤层或浅层开采区
污染		与污染物质接触	原有土地质量下降	矿区范围及周边

10.2 井工开采对地形地貌景观与土地资源的破坏

对于山西煤矿区的井工开采矿井，地下煤层开采以后，采空区周围的岩体原始应力平衡状态受到破坏，因而引起围岩向采空区移动，从而使顶板和上覆岩层产生冒落、离层、裂缝和弯曲等变形和移动。随着煤矿采空区面积的扩大，上覆岩层移动的范围也相应增大，当采空区面积扩大到一定范围时，上覆岩层移动向上发展到地表，使采空区上方的塌陷地表产生移动和变形，从而使地形地貌景观和土地资源均遭受不同程度地破坏。

10.2.1 井工开采对地形地貌景观的破坏

根据调查，山西煤矿区采煤沉陷对地形地貌景观破坏主要表现在以下四个方面。

1. 导致矿区地面的标高、坡度和地形发生变化

这方面在平坦地区最为明显，如原来大面积的平坦耕地，在开采沉陷影响下可变为倾斜洼地，如果当地潜水位较高、降水量较大，则洼地积水可变为湖泊。山西煤矿区多数地处黄土高原和山区丘陵地带，地面坡度和地形变化本来就很大，因而开采沉陷引起的标高和坡度变化对地形的影响不明显；而且该地区潜水位低，地面降水量小，因而一般也不会出现地面积水问题。只有潞安矿区的部分井田如王庄和常村井田位于长治盆地，属高原盆地内的河谷平原，海拔 900～1100m，属海河水系漳河流域，矿区地表虽较平坦，但地下水位较低，一般均在 18m 以下，采煤塌陷区可出现塌陷盆地，但一般不会发生积水。一些煤矿区有部分积水和季节性积水塌陷地主要是由雨水、地面废水或小煤窑矿井水排入形成的。

2. 矿区地面出现水平或台阶状塌陷裂缝与塌陷槽

这是山西山区煤矿开采普遍存在的地面沉陷损害之一。地裂缝和地面塌陷主要影响工农业生产和基本建设对土地的利用，加大土地耕作、水土保持和地基处理的费用与难度。例如，调查发现在太原西山矿区和古交矿区，采动地裂缝和地面槽形塌陷非常发育，特别在开采深厚比小于 80 的厚表土层地区以及深厚比小于 50 的薄表土层浅部采区，地面塌陷和地裂缝对土地资源造成的破坏更为严重。对开采沉陷地裂缝如不及时填堵治理，经多年雨水冲刷，可能形成冲沟、雨裂等地貌，使矿区的地形地貌变得更加支离破碎。

3. 地面出现采动崩塌和滑坡

这是山西山区煤矿开采沉陷产生的特殊环境问题。由于发生一定的采煤诱发崩塌与滑坡，会大大改变原有矿区的地形与地貌，直接损害土地资源的利用价值，而且威胁矿区群众的人身和财产安全，因而是一种灾害性的煤层开采沉陷地质环境问题。如太原煤气化公司嘉乐泉煤矿的悬岩沟滑坡，造成下方小煤窑的工房被压塌，储煤场和运输道路被堵塞，上方大片耕地因发生大宽度、大落差的密集地裂缝群而遭到严重破坏，土地完全无法耕种。

4. 煤矿开采对地表植被的破坏

众所周知，植被的生长与气候、光照、土壤、水分、地形、地貌等多种因

素有关。地下煤层开采沉陷主要使地表产生地裂缝及地面塌陷，个别较陡的坡体可能发生滑坡及崩塌，因而位于地裂缝、地面塌陷、滑坡及滑坡部位的植被将直接受到破坏。但这种破坏面积相对较小，一般占煤矿区采动地表面积的1%左右。同时，地表开采沉陷区的地裂缝可加速雨水和地表径流的渗漏，使地下水位降低，从而影响植被对水分和养分的吸取，影响植被的自然生长。特别是某些裸岩区和土层较薄的地区，由于地下水补给条件和土体保水性能都很差，地裂缝和地下水位的降低可导致植被的枯萎甚至死亡，但这种状况也不是特别多。实际上，绝大部分地面塌陷地如果能及时填堵地裂缝，做好水土保持，地面植被仍能正常生长。

10.2.2 井工开采对土地资源的破坏

(1) 山西煤矿的井工开采对土地资源破坏的数量以地面塌陷为主，塌陷土地面积一般占煤矿区土地破坏总面积的97.2%～99.2%。可用万吨塌陷面积（P）和塌采面积比（B）对井工开采条件下地面塌陷面积进行粗略估算和预测。

根据相关文献定义，万吨塌陷面积（也称万吨塌陷率）是指煤矿区从井下开采万吨原煤导致地表塌陷的面积（亩）。塌采面积比（简称塌采比）是指煤矿区地表塌陷面积与井下开采面积之比值。调查和实验研究表明，影响万吨塌陷面积和塌采面积比的因素甚多，包括煤层开采厚度和深度、覆岩性质、煤层倾角、采煤方法、开采面积和回采率等。

当其他条件大体相同时，万吨塌陷面积主要取决于综合开采厚度，采厚越大，万吨塌陷面积越小，反之亦然。塌采面积比则主要取决于采煤方法、覆岩性质和开采深度，当采煤方法相同时，塌采面积比在一定范围内随煤层开采深度的增加而增大，随覆岩强度的增大而减小。

(2) 地面塌陷可使塌陷范围内的地表发生垂直沉降，一般最大沉降可达到开采厚度的60%～90%。山西多数煤矿区可采煤层总厚度多在10～20m，主采煤层综合厚度至少也在6～8m以上，因而地面塌陷区的最大垂直沉降量一般可达5.5m以上。如果煤矿区地下水位较浅，或有外来水源排入，或因大气降水，就可能造成塌陷区积水而淹没土地。当煤矿区地下水位较低且多为山区时，一般不会出现积水塌陷区。

(3) 山西各煤矿地面塌陷区沉降和移动不均衡，使塌陷区产生不同的附加倾斜、弯曲、裂缝甚至滑坡或崩塌，使土地资源本身可利用性及其附着物受到破坏。如耕地变得起伏不平或支离破碎，造成水、肥、土壤流失，促使土地沙化，耕作难度加大；地面建筑物、构筑物、水利、交通、电力等工农业生产设施因采煤塌陷而遭受不同程度的破坏。

（4）煤矿区地面沉陷对农作物的影响。据调查，山西煤矿区地面沉陷对农作物的影响可概括为直接影响与间接影响两个方面。

1）直接影响。地面沉陷对农作物的直接影响是位于采动地裂缝、崩塌和滑坡上的农作物的根系被暴露或拉断，有的甚至直接被埋没或跌落在地裂缝与地面塌陷坑中。这种直接影响虽然是少量或个别的，但损害性质却十分严重，可直接造成农作物的枯死，影响树木和果树的正常生长和果实的产量，严重的也可枯死。

2）间接影响。由于煤层采动诱发地面沉陷和地裂缝，使煤矿区土壤的结构、湿度和温度发生变化，水土与肥料可沿裂缝流失，从而导致植物与农作物的生长环境恶化，在一定时期内不同程度地影响植物的生长和农作物的产量。

根据相关的文献总结，在煤层上覆岩体为中硬覆岩条件下，山西采煤沉陷区对耕地和农作物的影响大致可分为四级。

1）一级（为轻微损害）：主要特征是地表裂缝宽度小于100mm，落差小于100mm，裂缝间距大于50m，农作物当年减产小于10%。产生一级损害的开采深厚比为100～150。

2）二级（为中等损害）：主要特征是地表裂缝宽度为100～300mm，落差为100～300mm，裂缝间距30～50m，农作物当年减产10%～30%。产生二级损害的开采深厚比为60～100。

3）三级（为严重损害）：主要特征是地表裂缝宽度为300～500mm，落差为300～500mm，裂缝间距10～30m，农作物当年减产30%～50%。产生三级损害的开采深厚比为30～60。

4）四级（为灾害性损害）：主要指崩塌和滑坡影响区，包括滑塌周界以内的滑塌后壁、滑塌体和滑塌土石掩盖区，以及裂缝宽度和落差大于300mm、裂缝间距小于10m，农作物当年减产50%以上的灾害性裂缝区。产生四级损害的条件：①开采深厚比小于70，地面坡度大于35°，高差大于20m的厚表土层和风化松散层以及人工和自然边坡及其上部边缘地区；②开采深厚比小于60，地面坡度大于45°，高差大于30m的岩质人工和自然边坡及其上部边缘地区；③开采深厚比小于30的平坦和凸形地貌区。

10.3 露天开采对地形地貌景观与土地资源的破坏

山西露天煤矿相对较少，露天开采是将煤层上的覆盖物（包括岩石和土壤）全部剥离后再进行采煤，因而比井工煤矿开采方法对矿区地形地貌景观和土地资源的破坏更为严重。

10.3.1 露天开采对地形地貌景观的破坏

对于山西露天煤矿而言，煤矿开采前，开采区一般多为森林、草地等自然植被覆盖的山体。露天煤矿的大规模开采，通过直接搬运物质而改变地貌景观。露天开采使煤矿区土地破坏得面目全非，原有的生态环境再也不能恢复。植被和土壤盖层被剥离，固体废弃物随处可见。一方面，挖损一般在采场形成一个地表大坑；另一方面，排土场、矸石山堆垫地是露天煤矿特有的人工地貌，堆垫高度达几十米甚至上百米。开采后，矿区将构成一个新的凹坑—高丘特殊地貌类型，形成一个与周围环境完全不同甚至极不协调的外观，自然景观及生态价值大大降低，甚至失去自然功能特征。露天煤矿区生命保障系统功能的丧失，特别是植被系统的破坏，加剧了生态环境的脆弱程度和退化速度，矿区的生态安全受到严重威胁。例如，山西最著名的露天开采煤矿为平朔的安太堡煤矿，该矿是中国最大的露天煤矿，总面积达 376km^2，地质储量约为 126 亿 t，巨大的矿坑，从上往下有十多个台阶，每个台阶高 15m，露天开采模式决定了该矿对地形地貌景观造成严重破坏。幸运的是，经过多年土地复垦，平朔安太堡露天煤矿昔日寸草不生的矿区现已绿树成荫。

10.3.2 露天开采对土地资源的破坏

露天煤矿开采是把煤层上表土和岩层剥离之后进行的，在露天开采过程中要大面积剥离压煤层，使土地资源遭到严重挖损破坏，其开挖面积和速度取决于露天煤矿的规模和生产能力。挖损土地分布与采煤区一致，煤田开采到何处，煤层上方土地就被挖损到何处，而且挖损范围要略大于采煤范围。挖损一般形成地表大坑，其开挖范围内原有的土地和生态环境将被彻底破坏，同时可能对周围的土地、水文、植被造成不利影响，其中最主要的是水土流失、地下水位降低和生态环境恶化。

10.4 矿区固体废弃物压占对土地资源的破坏

10.4.1 井工煤矿开采固体废弃物压占对土地资源的破坏

山西煤矿区井下开采的固体废弃物主要是煤矸石，煤矸石对土地资源的破坏，主要表现在煤矸石排放占用土地。井下开采的煤矸石占地面积主要取决于排矸量和堆放形式。

1. 排矸量

煤矸石的主要来源是矿井排矸和洗选排矸。矿井排矸量主要取决于岩石井巷掘进量和煤层顶、底板的性质。岩石井巷掘进量大、煤层伪顶或直接顶松软、煤层底板松软，则矿井排矸量较大；反之则较小。洗选排矸量的多少则主要取决于开采煤层的夹矸量和顶板状况，夹矸量较多或顶板较破碎，洗选排矸也较多；反之则较少。

一般用煤矸石排放量占矿井原煤产量的百分比（即排矸率）来表示排矸量。调查资料表明，国有大矿无洗煤设施的矿井排矸率为3%～10%，平均约6%；有洗选设施矿井的总排矸率为15%～22%，平均约18%。目前国有大矿的洗精煤产量占原煤产量的25%～30%。县（市）营煤矿的排矸率总的来说比国有大矿总排矸率（平均在10%～15%）略小一些，乡镇和个体煤矿的排矸率更小，多在10%以下。有的小矿除建井期间有井巷工程排矸外，生产期间基本不排矸，煤矸石在井下拣出充填采空区。

2. 煤矸石堆放形式

单位面积存矸量的多少与其堆放形式有关。调查研究表明，一般平地起堆的排矸场每亩存矸量为2万t左右，而山区顺坡堆放的山谷排矸场每亩存矸量一般可达3万～6万t，最多可达15万～20万t。除一些地区的煤矿有平地起堆的排矸场以外，大多数煤矿为山谷排矸场，因而单位面积存矸量较多，一般国营大矿都在3万～6万t/亩以上；县（市）营煤矿为2万～3万t/亩。乡镇煤矿比较分散，排矸量也较小，其单位面积存矸量为0.5万～1.2万t/亩。

10.4.2 露天煤矿开采固体废弃物压占对土地资源的破坏

露天煤矿开采固体废弃物主要是剥离的土石方。露天开挖出来的大部分土石方需另地存放，即大量剥离物存放场（外排土场）要压占土地，其压占土地的面积则取决于剥离量和堆放形式，这与井工开采时煤矸石排放场的情况相似，但其堆放量和占地面积远比煤矸石多。压占区的土地和地面附着物将被彻底掩埋而丧失，对生态环境的影响程度则与外排土场的位置和剥离物本身的理化性质有关。如排土场设在山谷之内，剥离物为中性无毒的岩土，则影响小一些。如排土场位于平地或靠近村镇，剥离物非中性或含有毒物质，则对生态环境影响较大。

第 11 章　实例 1：正兴煤矿建设项目水环境影响评价

11.1　概　　述

11.1.1　研究的必要性

水环境是指围绕人群空间及可直接或间接影响人类生活和发展的水体。地表水环境包括河流、湖泊、水库、海洋、池塘及沼泽等，地下水环境包括泉水、浅层地下水及深层地下水等。我国是一个水资源短缺的国家，是世界上 13 个贫水国之一。随着经济社会的发展，受工业废水、废气、固体废弃物以及生活污水等的影响，我国的水环境污染非常严重。在近三四十年，我国各地的水环境容量减少，水体自净能力下降，在一定程度上加剧了水环境污染现状，造成水环境问题相当突出。水环境是支撑经济社会发展的重要基础，它与经济社会活动具有相互依存关系，如果水环境得不到有效保护，必将严重影响经济社会的可持续发展。目前，我国各级政府部门加大了水环境保护和治理力度，取得了一定成效。与此同时，许多学者也对我国的水环境问题进行了多项研究，为有关部门进行水环境管理等提供了参考。

近年来，随着经济社会的发展以及人民群众环保意识的不断增强，我国建设项目环境影响评价工作越来越受到重视。但是，环评中的地下水环境影响评价却始终是一个薄弱环节，特别是煤矿区的地下水环境影响评价方面，由于一直没有相应的标准来指导地下水环境影响评价工作，从而无法有效地为煤矿区地下水环境保护工作提供科学依据。我国煤炭资源丰富，多年采煤已经加剧了我国地下水资源短缺的趋势。幸运的是，2011 年我国环境保护部出台了《环境影响评价技术导则 地下水环境》（HJ 610—2011），不仅实现了地下水环境评价导则从无到有的突破，而且彻底改变了地下水环境影响评价工作缺乏统一标准来指导的局面，对于指导我国地下水环境保护工作具有重要的意义。山西省是我国煤炭的重要生产基地，水、煤共生是煤炭资源的一个重要特征，煤炭开采已经对地下水环境产生巨大影响，而山西省是我国水资源严重短缺的省份之一，人均水资源量 381m^3，按照国际划分标准，属于极度缺水地区（小于 500m^3）是全国平均水平的 1/6，世界平均水平的 1/25。因此加强山西煤矿开采对地下水环境评价研究就显得非常重要。

原山西偏关九鑫煤矿有限公司隶属偏关县新关镇管辖。根据山西省煤矿企业兼并重组整合工作领导组办公室《关于忻州市偏关县、神池县煤矿企业兼并重组整合方案的批复》（晋煤重组办〔2009〕16号）文件，山西偏关九鑫煤矿有限公司作为单独保留矿井，重组整合后更名为山西焦煤集团正兴煤业有限公司，井田范围由9个拐点坐标连线圈定，井田东西长3.0km，南北宽1.8km，面积5.3475km²。为了有效利用和合理开发有限的煤炭资源，最大限度提高机械化程度和回采率，健全完善安全设施、设备和组织机构，山西焦煤集团正兴煤业有限公司（以下简称正兴煤矿）针对该煤矿实施改扩建工程，以实现资源整合，淘汰落后产能。根据忻州市偏关县、神池县煤矿企业兼并重组整合方案，批准正兴煤矿开采13号煤层，整合后生产能力由15万t/a增加到120万t/a。

天桥泉域是山西省19个大的岩溶泉域之一，随着近年来区域水资源的大量开发，天桥泉域水资源和水环境已经发生很大变化，因此对其进行保护是十分必要的。通过采取有效保护和综合治理措施，可实现天桥泉域水资源的可持续开发利用和保障区域国民经济及社会的可持续发展。

正兴煤矿在偏关县城西侧，处在天桥泉域内。根据《山西省泉域水资源保护条例》第十四条“在泉域范围内新建、改建、扩建工程项目，建设单位必须持有环境保护行政主管部门和主管该泉域的水行政主管部门批准的对泉域水环境影响的评价报告，计划部门方可立项”的规定，应进行正兴煤矿改扩建工程对天桥泉域水环境影响评价。

在上述背景下，进行正兴煤矿建设项目水环境影响评价研究就显得很必要，其意义重大。通过研究，可为正兴煤矿及类似矿山水环境的有效保护及防治提供参考。

11.1.2 目的和任务

1. 目的

为了保护正兴煤矿水环境，在查明正兴煤矿矿区水文气象、地形地貌、工程地质和水文地质条件以及矿区与天桥泉域位置关系等的基础上，通过分析评价改扩建工程对水环境的影响方式、途径，评价煤矿开采改扩建工程对当地水环境影响的因素、程度，提出相应的防治措施建议，以期为水行政主管部门、环境管理部门、建设单位等提供科学依据，切实保证正兴煤矿水环境免遭破坏。

2. 任务

（1）查明区域水文气象、地形地貌、地质、水文地质条件、天桥泉域水资源保护区及水资源开发利用现状。

（2）查明正兴煤矿井田的地质、水文地质条件、矿井充水条件、水资源利用情况等。

（3）查明正兴煤矿矿区与天桥泉域的位置关系。

（4）在现状及开采条件下，分析评价正兴煤矿改扩建工程对区域地表水环境、地下水环境的影响。

（5）根据正兴煤矿建设项目水环境影响评价结果，提出相应的水资源保护措施。

（6）得出正兴煤矿建设项目水环境影响评价的结论和建议。

11.1.3 评价依据和标准

正兴煤矿改扩建工程水环境影响评价的研究工作，主要依据国家和山西省现行的有关法律、法规、规章以及技术规程进行。

1. 法律法规及政策性依据

（1）《中华人民共和国水法》，2002 年 8 月 29 日。

（2）《中华人民共和国环境保护法》，1989 年 12 月 26 日。

（3）《中华人民共和国水污染防治法》，1996 年 5 月 15 日。

（4）《中华人民共和国环境影响评价法》，2003 年 9 月 1 日。

（5）《建设项目环境保护管理条例》（国务院令第 253 号），1998 年 11 月 29 日。

（6）《国务院关于环境保护若干问题的决定》（国发〔1996〕31 号），1996 年。

（7）国家环境保护总局令第 14 号《建设项目环境保护分类管理名录》，2003 年 1 月 1 日。

（8）《关于加强建设项目环境影响评价分级审批的通知》（环发〔2004〕164 号）。

（9）国家环境保护总局、卫生部、建设部、水利部、地质矿产部 1989 年 7 月 10 日颁布实施的《饮用水水源保护区污染防治管理规定》。

（10）《山西省环境保护条例（修正）》，1997 年 7 月 30 日。

（11）《山西省泉域水资源保护条例》，1997 年 9 月 28 日。

（12）《关于山西省泉域边界范围及重点保护区划定的批复》（晋政函〔1998〕137 号）。

（13）山西省贯彻《国务院环境保护若干问题的决定》的实施办法，1997 年 1 月 1 日。

（14）《关于发布〈矿山生态环境保护与污染防治技术政策〉的通知》（环发〔2005〕109 号），2005 年 9 月 7 日。

2. 评价标准

（1）GB/T 14848—1993《地下水质量标准》。

（2）GB 3838—1988《地表水环境质量标准》。

（3）GB 5749—2006《生活饮用水卫生标准》。

（4）GB 8978—2002《污水综合排放标准》。

（5）GB/T 1415—1993《区域水文地质工程地质环境地质综合勘查规范（1∶50000）》。

（6）GB/T 12719—1991《矿区水文地质工程地质勘探规范》。

（7）DZ 0225—2004《建设项目地下水环境影响评价规范》。

（8）HJ/T 2.3《环境影响评价技术导则 地表水环境》。

（9）GB/T 1829—2002《城市污水再生利用 城市杂用水水质》。

（10）HJ 610—2011《环境影响评价技术导则 地下水环境》。

（11）GB 20426—2006《煤炭工业污染物排放标准》。

（12）GB 18599—2001《一般工业固体废弃物贮存、处置场污染控制标准》。

3. 评价范围

根据区域水文地质条件、正兴煤矿改扩建工程对水环境的影响机理，评价范围包括正兴煤矿矿区及周边影响地区。

11.2 建设项目概况

11.2.1 矿区地理位置及交通

正兴煤矿位于偏关县城260°方向，紧邻偏关县城，行政区划隶属偏关县新关镇管辖。偏关—河曲公路从矿区通过，209国道位于井田以西约4km处，由井田向北可通万家寨到内蒙古，向东可通朔州、大同至北京，交通较为便利。距神河铁路三岔煤炭集运站60km，构成四通八达的铁路运输网。准格尔—朔州铁路经过本矿井所在地偏关县城附近，为矿井外部运输提供了新的条件。

11.2.2 矿区范围

正兴煤矿批准开采13号煤层，矿区地理坐标为东经111°27′10″～111°29′16″，北纬39°26′13″～39°26′39″。井田东西长3.0km，南北宽1.8km，面积5.3474km^2。

11.2.3 可采储量

井田内13号煤层资源保有储量（111b+333）4143万t，其中探明的经济基础储量（111b）3745万t，推断的内蕴经济资源量（333）398万t。（111b）储量占总资源储量的90%。井田内13号煤层采空动用储量2089万t。井田13号煤层累计查明资源储量6232万t。13号可采煤层达到了勘探程度。该矿以往由于采煤方法落后，资源利用率不高，但中层煤大部采空，根据地质报告勘查按10%扣减。

11.2.4 矿井服务年限

根据井田范围内矿井设计可采储量及确定的矿井生产能力120万t/a，备用系数为1.4，正兴矿井服务年限为16.6年。

11.2.5 井田开拓

1. 工业场地位置的选择

原九鑫煤矿主平硐、副平硐周围地势平坦，场地经过平整，拥有办公楼、食堂、单身宿舍等配套设施，特别是主平硐出口有储煤场地，可储原煤约20万t，外运条件良好。两井筒附近地势平坦、开阔，可以满足120万t/a生产能力的要求。利用原九鑫煤矿主工业场地，另择风井场地。

2. 井田开拓方案

开拓方式为平硐开拓。全井田采用三个井筒开拓，即主平硐（利用原有）、副平硐（利用原有）和回风斜井。利用原九鑫煤矿主平硐作为整合后的主平硐，利用原有胶带运输机，担负矿井运煤及部分进风任务，作为矿井一安全出口。

利用原九鑫煤矿副平硐作为整合后的副平硐，布置一套无极绳绞车，担负矿井辅助运输及进出人员、进风等任务，作为矿井另一安全出口。在井田东南部荒沟内另择场地新开凿回风斜井，设行人台阶及扶手，担负矿井回风任务，作为矿井另一个安全出口。

3. 开拓巷道布置

根据开拓方案，全井田布置一个水平开采13号煤层，水平标高+1020m。

井下开拓、准备巷道均沿煤层布置，井下在副平硐拐弯处往东南开凿三条大巷直至井田东部边界，分别为南翼辅运大巷、南翼运输大巷和南翼回风大巷。其中南翼辅运大巷和南翼运输大巷沿13号煤层底部布置，南翼回风大巷沿13号煤层顶板布置。

13号煤层共布置两个盘区，即南翼盘区和北翼盘区，开采顺序为南、北两翼接替。首采面布置在平硐南部13号煤层的南翼盘区。

11.2.6 井筒

1. 井筒装备及布置

矿井达到生产能力时布置了主平硐（利用原有）、副平硐（利用原有）和回风斜井（新建）三个井筒，其井筒装备、特征如下：

主平硐：净宽3.3m，半圆拱断面，净断面积9.72m^2，长度281m。井筒内敷设消防洒水管路，装备一部胶带运输机。

副平硐：净宽3.5m，半圆拱断面，净断面积10.9m²，长度273m。井筒内敷设消防洒水管路和黄泥灌浆管路，装备一套无极绳绞车，担负矿井辅助运输、人员出入井和部分进风任务。

回风斜井：净宽4.6m，倾角16°，半圆拱形，净断面积15.2m²，斜长220m，井筒内敷设压风管路，装备2台轴流式风机。

2. 井壁结构

主平硐、副平硐均采用料石砌碹，表土段和基岩段砌碹厚度均为300mm。回风斜井表土段采用钢筋混凝土支护，支护厚度400mm，基岩段采用锚喷支护，支护厚度150mm。

3. 井筒防冻

为了防止主平硐、副平硐井筒冬季结冰，保证人身和财产安全，在空气加热室内设置矿井加热机组，对主平硐、副平硐井筒予以防冻。热风在井筒内混合。

11.2.7 井底车场及硐室

矿井采用平硐开拓，车场系统较为简单，仅在副平硐拐弯处设井下配电室、井下消防材料库和井下爆炸材料发放硐室，南翼胶带大巷和主平硐直接搭界，不设井下煤仓。副平硐为辅助运输井，副平硐井底车场不设高低道布置，长度40 m。副平硐井下车场布置于13号煤层中，井底硐室主要集中在副平硐拐弯处设配电室、消防材料库和爆炸材料发放硐室。

井底车场主要巷道和硐室均为半圆拱形，配电室、消防材料库和爆炸材料发放硐室采用混凝土砌碹。

11.2.8 采煤工艺及顶板管理

1. 采煤工艺

13号煤层采用倾斜长壁综采放顶煤工艺回采工作面采用一台MG300/730－QWD型采煤机落煤，前部与采煤机配套选用一部SGZ764/315型刮板输送机运煤，后部放顶煤选用一部SGZ764/315型可弯曲刮板输送机运煤，运输顺槽采用SZZ800/315型转载机转载，一部SSJ－1200/2×200型可伸缩胶带输送机运输。实现工作面的破、装、运等各工序。工作面辅助运输采用SQ－1200/55型无极绳绞车牵引矿车运输。

根据开拓布置及采用的采煤方法，采煤工作面采用后退式开采，即盘区边界向盘区巷方向推进。采用“三采一准”的作业形式，全矿井设一个回采工作面，在盘区内顺序接替。

2. 顶板管理

13 号煤层的伪顶和直接顶板多为炭质页岩或直接顶板为黏土岩，一般厚 3～6m，性软，有的风化成泥状，不易支护；老顶为太原组二段底部砂岩，含大量石英，泥质胶结，节理裂隙发育，上部层理发育，下部为厚层状，岩石较坚硬。开采 13 号煤层时，底分层厚度为 3 m，放顶煤 7.59 m，采放比为 1∶2.5。工作面选用 ZF5600/15/33 型综采放顶煤液压支架支护顶板，全部垮落法管理顶板。超前支护采用沿顺槽走向在矿工钢梯形棚下加设 DZ28 型单体液压支柱、SHD600×600 型十字铰接顶梁支架，双排加强支护。

11.2.9 盘区布置

由于正兴井田西部 13 号煤层已形成部分采空区及旧巷，已无法形成壁式回采，只能后期回收或依托正仁煤矿进行露天回采。盘区布置在 13 号煤层的南翼盘区，位于井底附近，为不规则梯形，东西长约 538 m，南北宽约 1000 m。在副平硐拐弯处，往东南开凿南翼辅运大巷、南翼胶带大巷、南翼回风大巷。垂直于大巷布置工作面运输顺槽和轨道顺槽，顺槽均沿煤层底板布置，运输顺槽与南翼胶带大巷连接，轨道顺槽与南翼辅运大巷连接。上下区段间留设 20 m 区段煤柱。达产时全矿井在 13 号煤层布置一个盘区，在盘区内布置一个回采工作面。

正兴矿井设计为平硐开拓，不设专门排水设施。局部低洼地段由小型排水泵排至轨道巷水沟，经副平硐自流至地面。

11.2.10 给排水系统

1. 给水系统

矿井生活用水量 242.48m^3/d，绿化及道路洒水 36.78m^3/d，生产用水量为 1468.28m^3/d，合计为 1747.54m^3/d。井下消防用水量为 216m^3/d。

行政福利区生活用水来自偏关县自来水公司。矿井供水水源不能满足年产 120 万 t 的需要，作为长远及大型供水，奥灰水是良好的供水水源。

矿井井下正常涌水量 1440m^3/d，作为水源经处理后按 60%计可提供的水量为 864m^3/d，可作为矿井井下生产洒水及消防补充用水量共 798.78m^3/d 的用水要求，剩余井下排水（65.22m^3/d）加上经过处理的生活污水量 216.36m^3/d 共 281.58m^3/d，可以满足道路洒水绿化（36.78m^3/d）的用水要求，但是难以满足黄泥灌浆站用水（757.5m^3/d）。

设计拟在工业场地打一口岩溶水源井，供给职工生活用水和补充生产缺水。生活污水全部复用，并增大井下排水利用率，以减少资源浪费，多余水作为附近农田灌溉用水。

2. 供水系统

在矿井工业场地附近新建水源井泵房一座，井深200 m，取水量为32m^3/h，水源井抽水送至供水站200m^3 蓄水池，根据水质情况进行处理后通过生活水泵微机变频送至工业场地生活给水管网。

新建地面生产消防水泵房和水池，在生产消防水泵房内分别设有井下消防水泵、井下生产水泵、地面消防水泵、地面生产水泵，分别用于井下消防用水、井下生产用水、地面消防用水、黄泥灌浆站用水。地面生产消防水池容积为600m^3，其中井下消防水量216m^3 储存在生产消防水池中，生产消防水泵房预留矿井水处理站反冲洗水泵。室外消防采用临时高压制，在工业场地内设地下式室外消火栓，设置间距不大于120m。当发生火灾时，启动消防泵。矿井涌水经处理后流至生产消防水池。

新建污水处理站两座，分别为矿井废污水处理站和生活污水处理站。矿井涌水和生活污水经处理后作为消防、生产、除尘、绿化用水水源，利用经过处理后的回用水供至黄泥灌浆站用于灌浆用水，节约水资源。生活污水全部回收利用，不外排。

3. 排水及排水系统

矿井建设和建成后，污废水的来源主要是井下排水，工业场地办公楼、食堂、灯房浴室等生活污废水。

厂区内排水采取雨污分流制。雨水采用雨水沟排出，生活污水经污水管道收集后，进入各自场地生活污水处理站，经处理后全部回用于黄泥灌浆站及绿化道路洒水。厨房含油污水经隔油池处理、浴室沐浴废水经毛发聚集井处理、锅炉房废水经降温池处理后再排入生活污水管网。

在生活污水处理站设清水池一座：5.6m×8.1m×3.5m，两台加压泵：MD12－25×5，Q=15m^3/h，H=115m，N=11kW，将处理后的污水回用于黄泥灌浆站。

11.2.11　污水处理方案

1. 矿井废污水处理及利用

正兴煤矿采用平硐开采，矿井井下排水重力排至工业场地。在工业场地上布置矿井水处理站，矿井水处理站设联合构筑物一座（47m×27m×10.6m），局部高度4.5m。

井下正常涌水量60m^3/h，最大涌水量80m^3/h。矿井井下排水中的主要污染因子是SS和COD，类比预测矿井水水质为SS：200～2000mg/L，COD：90～700mg/L。

设计采用“混凝沉淀＋过滤”这一常规的矿井水处理工艺，为提高处理效果，体现设计的先进性，混凝沉淀采用高密度迷宫斜板沉淀技术（包括高效混凝混合器、高密度迷宫斜板沉淀器），过滤部分采用重力无阀滤罐。

矿井井下排水首先进入调节水池，再用泵提升加药后进入高效混凝混合器，然后先后进入高密度迷宫斜板沉淀器和无阀过滤器进行反应、沉淀、过滤等处理，出水经消毒后回用，回用之外的达标外排。产生的污泥排入污泥池浓缩，经重力浓缩后在站内进行污泥脱水，脱水后泥饼外运，污泥池上层清液及压滤出水靠重力自流进入调节水池。

处理后的矿井水回用于矿井井下生产洒水消防用水、黄泥灌浆站用水和绿化及道路洒水，回用水量约 864m^3/d，其余达标排入关河。

2. 生活废污水处理及利用

根据矿井用水排水资料，生活污水水量约 216.36m^3/d。类比预测水质为 COD：100～300mg/L，BOD_5：90～150mg/L，SS：100～200mg/L，NH_3－N：25～30mg/L。

生活污水经处理后考虑回用，设计选择集成式污水处理回用系统进行处理，该系统由并联的2个曝气生物化滤池灌和1个砂滤滤灌以及配套曝气、反冲洗设备组成，处理站最大处理能力为 400m^3/d。

生活污水经厂区排水管网经格栅进入调节池，用泵泵至水解池，水解池出水自流进入中间水池，用泵泵至集成式污水处理设备，处理后的出水排入清水池，经消毒后回用。

生活污水经处理后全部用于黄泥灌浆站用水，不外排。

11.2.12 工业场地总平面布置

正兴矿井设计生产能力确定为120万t/a。根据井下开拓部署、场外运输、输电线路设计情况，将矿井工业场地选择在原九鑫煤矿工业场地内。该场地位于井田东部，东北边界紧邻偏关河，河对岸为偏关县城。山西焦煤集团正兴煤业有限公司贯彻充分利用已有设施、对不满足安全生产要求的设施进行扩建补充的原则，进行了总平面布置。

1. 行政福利区

行政福利区布置在场地东部入口处。布置有办公楼（已有）、任务交代室（已有）、灯房浴室更衣室联合建筑（新建）、食堂（已有）、单身宿舍楼（已有），以满足办公和职工生活需要；另外在该区人员活动密集部位布置混凝土硬化场地、花卉、草坪、树木等设施，以美化环境增加绿化面积，改善职工的生活环境。

2. 生产区

根据生产的需要，在利用原生产系统的基础上，在原储煤场位置新建封闭式储煤场，在主平硐井口位置新建空气加热室，另外在该区入口处布置空重车地磅。

3. 辅助生产区

由于原矿井辅助生产设施不完善，设施结构简陋，所以矿井辅助生产设施大部分需新建。布置有机修车间及综采设备库（新建）、器材库棚（已有）、坑木加工房（新建）、矿井水处理站（新建）、油脂库（新建）、生产消防水池及泵房（新建）、岩粉库（新建）、消防材料库（新建）、生活水池及泵房；在场地东南新建110kV变电所；靠近办公楼布置生活污水处理站；在场地中部及负荷中心地带新建锅炉房；在场地西南的山坡台地新建黄泥灌浆站；在场地西北部布置水源井。

4. 矿井其他工业场地布置

根据井下开拓的要求，回风斜井场地选择在工业场地南部230m处，地形较为狭窄，由此新建道路与工业场地相接。交通条件非常便利。场地内布置了通风机房、配电室及值班室、空压机房。风井场地占地面积为0.92hm^2。

根据《山西焦煤集团正兴煤业有限公司九鑫煤矿整合初步设计说明书》，井下开拓产生的矸石量极小，经相关专业核算后决定井下矸石直接用以回填采空区，地面不设矸石临时堆放场地。

地面未设爆破器材库，所用爆破器材从公安部门领取后直接下井，存于井下火药发放硐室。

11.2.13 周边矿井及小窑

区内采煤历史较为悠久，清光绪年间及其以前即行采掘，但开采盛期为抗日战争后期至全国解放初期。老窑甚多，主要开采13号煤层中上部。老窑大部分塌陷，根据访问，古人采煤均为手工操作，平巷掘进，产量甚低，最深掘进1000m。

正兴煤矿西北部为正仁煤矿。正仁煤矿由原山西偏关高大煤业有限公司、山西偏关同强煤业有限公司、偏关县闫家沟煤矿和山西偏关晋风煤矿有限公司重组整合而成，矿区东西长3.9km，南北宽2.08km，面积8.1301km^2，批准开采13号煤层。矿井生产能力由四矿重组前的69万t/a增加到90万t/a，设计开采方式由井工开采改为露天开采。

11.3 区域水资源条件及开发利用现状

11.3.1 自然地理概况

偏关县位于山西黄土高原西北边缘，行政隶属于忻州市。地理坐标东经111°21′21″～112°00′03″，北纬39°12′56″～39°39′38″。北部、西北邻内蒙古，东接朔州市平鲁区，东南依神池县、五寨县，西南与河曲县毗连。总面积1682km^2。

11.3.2 地形地貌

偏关县位于吕梁山北侧晋西北黄土高原边部，境内山体属管涔山山脉。总的地形东高西低。位于东南部南堡子乡境内的青杨岭山主峰海拔1858m，为本区的最高点；最低点在西部寺沟村黄河边，海拔875m。全境海拔一般在1000～1400m，平均高差200～400m，最大高差可达983m。据形成特点可将本区划分为三类地貌形态。

1. 构造剥蚀溶蚀低中山（Ⅰ）

外力以风蚀溶蚀为主，地势相对高，切割较深。主要分布在南堡子、老营以东的地区以及境内西北部山区。东部区海拔1400～1850m，区间相对高差450m，一般山坡角15°～35°；西北区海拔1000～1300m，区间相对高差300m，一般山坡角12°～30°，黄河岸多为直岸。本单元区山顶及山腰多有奥陶系灰岩出露，缓坡、凹地常被土层覆盖，山谷底为现代冲洪积物。西北黄河沿岸、东北端有寒武系上统地层出露，山势相对陡峭，其他地段地势较缓。本单元中岩溶作用一般，陡坡地段及河沟内可见到小溶洞、溶蚀沟或溶蚀凹槽，局部地段含有岩溶裂隙水。

2. 侵蚀堆积低中山（Ⅱ）

分布于区内偏关河流域、县川河（北支，下同）流域大部分地区。海拔1400～1600m，地形起伏较小，无较明显山脊凸出，山顶多为峁状地形，峁状地形与河流之间的过渡区则多为黄土细梁。主要组成物质为上更新统全新统黄土及黄土状土，冲沟沟底两侧可见到奥陶系灰岩，西部和北部可见石炭系砂页岩，西南区沟底则以第三系泥岩、红土为主。本单元中一般山坡角10°～25°，切割深80～200m，冲沟发育且多树枝状展布。

3. 山间河谷（Ⅲ）

分布于偏关河河谷区及各级支沟、县川河河谷区及各级支沟。偏关河海拔1000～1500m，河沟切割深40～100m，地势平缓，由东向西缓倾，一般河床纵坡7‰左右，组成物质多属现代冲洪积物。县川河海拔1300～1500m，河沟切割深20～80m，由东向西缓倾，一般河床纵坡6‰左右，组成物质与偏关河基本相同。境内共有较大山峰33座，均属于管涔山山脉，这些山峰海拔在1400～1858m，控制着区内总体的地貌形态。

11.3.3 气象水文

1. 气象

偏关县属北温带大陆性季风气候。区内多年平均降水量419mm，年最大降水量602mm（1967年，偏关水文站提供），7—9月降水占全年总量的66%～

86%，年一日最大降水量为87.6mm（1979年8月10日，偏关水文站提供），1h最大降水量75.3mm（1973年8月20日，偏关水文站提供），10min最大降水量21mm（1994年6月11日，城区气象站提供），最长连续降水日数8d，总降水量133mm。降水量往东南为递增趋势，往西逐渐减少。

其他气象特征有：多年平均天然水体蒸发量2011mm，相对湿度54%；年平均气温7.4℃。受西北气流控制，1月最冷，平均－13～－10℃，极端最低－27℃，7月最热，平均气温23℃，极端最高38℃；平均无霜期120d。

2. 水文

偏关县境内河流均属黄河流域。黄河从西北入境，西部流出。除黄河外，较大的河流有偏关河、县川河、杨家峪河。

黄河境内流长30.6km，平均比降7.4‰，河宽110～400m，记录丰水年平均流量300～500m^3/s，历史最大洪水流量12500m^3/s，由北向南出境，为过境河流。黄河在本县西北部河道狭窄，两岸岩石峭壁高达近百米。

偏关河属黄河一级支流，发源于东部平鲁区境内，全长124.9km，境内流长66km，河床平均比降6.3‰，河宽10～100 m，境内流域面积1151km^2，有大大小小支沟2160条，1km以上的沟壑密度4.1km/km^2。上游平时多为季节性流水，中下游常年流水，实测最大洪水流量2140m^3/s，由东向西出境。

县川河也属于黄河一级支流，境内流长37km，平均比降5.8‰，河宽10～60m。分两支，北支发源于本县南堡子乡，境内流域总面积460km^2，属季节性支流，有大大小小支沟621条，1km以上的沟壑密度2.8km/km^2，由东向西再折向南流入河曲县境内；南支为过境河流，位于与神池县、五寨县交界处，至河曲县境内与北支汇合。

杨家峪河属于黄河一级支流，为过境河流，发源于内蒙古清水河县，由东向西至万家寨镇老牛湾村出境。境内流长10km，平均比降17‰，河宽10～30m。境内流域总面积71km^2，属季节性支流。

11.3.4 区域地质

1. 地层岩性

区内奥陶系中统、石炭系及二叠系基岩较发育，第三系、第四系松散覆盖层广布，区域构造简单，未见复杂褶皱与断裂构造、火成岩活动。区域地层主要有奥陶系、石炭系及二叠系，详见表11.1。

2. 地质构造

本区大地构造位置处于鄂尔多斯盆地之东北缘，根据自古生代至新生代各地质演化时期保留的不整合面与沉积建造可将该区域划分为三个构造层，即加里东期、华力西—印支期及喜山期构造层。

表 11.1　　区　域　地　层

界	系	统	组	段	厚度/m	岩层、岩性
新生界	第四系（Q）	全新统（Q_4）			0～20	冲洪积、残坡积物
		上更新统（Q_3）			>100	黄土（黄色亚砂土）
	第三系（N）	上新统（N_2）			>50	
上古生界	二叠系（P）	上统（P_2）	上石盒子组（P_2s）	三段	350±	紫红色页岩，含砾砂岩等
				二段		紫红色页岩夹中细粒砂岩
				一段		黄绿色含砾粗砂岩及砂质页岩等
		下统（P_1）	下石盒子组（P_1x）		80±	黄色—绿色砂岩与页岩
			山西组（P_1s）		20±	含砾砂岩、细砂岩、黏土岩及炭质页岩夹煤层（线）
	石炭系（C）	上统（C_3）	太原组（C_3t）	二段	20±	炭质页岩、煤层（线）、黏土岩及含砾中粗粒砂岩
				一段	45±	炭质页岩、煤层（线）、黏土岩及灰岩、含砾粗砂岩
		中统（C_2）	本溪组（C_2b）		10～20	细砂岩、页岩、黏土岩、铝土岩、灰岩与煤线等
下古生界	奥陶系（O）	中统（O_2）				泥质灰岩、白云质灰岩及石灰岩等

加里东构造层主要由奥陶系地层组成。此构造层的地层总体向南、南西倾斜，倾角一般在5°～10°，局部变化较大。属于本构造层的褶皱有：石城、天峰坪开阔背斜。此两背斜的轴线走向为340°左右，而两翼地层相反倾斜，倾角一般在5°左右。褶皱轴线长十余千米。这些开阔的褶皱构造是由于差异升降运动所造成的。

组成华力西—印支构造层的地层为石炭—二叠系。构造层在褶皱方向上主要为NE—SW、NEE—SWW及NNW—SSE向，以波状起伏和挠曲形式为主。属于该构造层的褶皱有：偏关城—磁窑沟背斜、窑头挠曲。偏关城—磁窑沟背斜，轴向北东东，长2km，北翼地层向北东或北西倾斜，倾角5°～7°，南翼地层向南东或南西倾斜，倾角约7°。据基岩及深部钻探资料所知，区内未发现断距大于15m的断层，仅见一些小型断裂，断距多小于1m，故对煤层影响不大。

11.3.5 水文地质条件

按不同岩性所赋存的地下水类型及富水程度，偏关县地下水可分为三类含水岩组，主要接受大气降水和地表水的补给，以蒸发排泄和泉的形式排泄为主，径流方向不明显，动态多随气候的变化而变化，地下水水质优良，矿化度小于0.5g/L，水化学类型为HCO_3－Ca·Mg型。

1. 松散岩类孔隙水含水岩组

松散岩类孔隙水含水岩组分布于县境内的大部分地区。含水岩组由第四系全新统砂砾石层、砂及黄土层组成，一般接受大气降水垂直补给，亦有山区上游段的侧向补给。含水层底板埋深一般为20～50m，含水层厚5～15m，单井出水量300m^3/d左右，单泉出水量小于5L/s。峁梁地段土层含水微弱，单泉出水量小于0.2～0.5L/s，尚不足人畜饮用，但平行于沟谷方向，含水层分布稳定，在垂直主河谷方向上，地下水较集中，富水性由河谷向两侧逐渐减弱。

松散岩类孔隙水由于含水介质的不同富水程度存在很大差异。富水性由砂卵石层—砂砾石层—粗砂—中细砂顺序逐步减小，到黄土层达到最小。

2. 碎屑岩类裂隙水含水岩组

碎屑岩类裂隙水含水岩组分布在县境北部草垛山及县城以西的地区，面积较小。含水层储水介质为砂岩层风化裂隙构造裂隙，底板埋深20～50 m，主要接受大气降水入渗补给，无确定的自由水面，随着地形的起伏由高往低排泄，在较低凹地区还可得到河流的侧向补给。砂岩裂隙潜水特征是地下水沿层间裂隙带向低凹处运移、聚集，然后通过合适的途径向下部的灰岩层排泄，同时亦向附近的沟谷内排泄，越往高富水性逐渐减弱，至顶层只透水而不含水，本组含水岩组天然泉水排泄量小于1L/s。

3. 碳酸盐岩类岩溶裂隙水含水岩组

碳酸盐岩类岩溶裂隙水含水岩组分布在县境东部、西北部及东南部地区，为本县内的主要含水层。此类含水层厚100～300 m，裂隙溶隙较发育，大气降水主要通过灰岩裂隙渗入地下赋存于裂隙溶隙带，并沿裂隙溶隙带运移，在适当的条件下溢出地表。据调查本组泉水出露较多，流量一般在0.3～5L/s，是偏关县主要的工业水源和民用水源。

岩溶水主要从东北方向径流而来，受寒武系紫色页岩阻挡，从地下溢出地表而形成相对稳定的泉水，如东部下土寨村的岩溶泉属于此类。陈家营八柳树村2002年7月施工的水井，井深282m，含水层为寒武系中上统灰岩，用2in泵抽水，水位降深49.5m，出水量350m^3/d；武警中队（县城）水井2004年5月施工，井深313m，含水层为奥陶系灰岩，水位埋深219m，抽水水位降深10m，出水量240m^3/d；西部天峰坪镇吕家窑村2001年施工了一口水井，井深352m，含水层为奥陶中统灰岩，裂隙较发育，水位埋深298m，经抽水试验水位降深14.5m，出水量480m^3/d，最大可达600m^3/d。由此说明该含水层补给面积大，一般水量较丰富。

11.3.6 天桥泉域概况及水文地质条件

1. 泉域基本概况

天桥泉域处于吕梁山西侧晋陕黄土高原北部，地势东高西低，南北高，中间低，东部管涔山和芦芽山，海拔1500～2000m，中西部以中低山和丘陵区为主，海拔1000～1200m，沟谷纵横，地形破碎，地势由东向西缓倾。黄河流经岩溶地层的河谷多为峡谷，受侵蚀切割，形成北西或东西向沟壑，地表黄土为梁、峁地形，西侧冲沟呈树枝状，切入基岩，沟深、床窄、坡陡，洪水泄流湍急，植被稀少，水土流失严重。

泉域属黄河水系。黄河自内蒙古喇嘛湾（海拔983m）流入泉域内，自北而南纵贯中西部，于府谷县林泉峪（海拔780m）流出区外，流长190km，多年平均流量787～823m^3/s。黄河是区内地表水、地下水的排泄基准面，严格控制了区内水文网的分布。泉域属半干旱大陆性气候，干旱、少雨、多风沙，年平均降水量354.9mm。

泉域地层出露较全。由老到新均有出露，与岩溶直接相关的寒武、奥陶系地层，由灰岩、白云质灰岩、白云岩、竹叶状灰岩、泥质灰岩组成。为一套巨厚的多层复合的含水结构体，总厚728～923m。以裂隙和溶蚀裂隙为主，局部溶洞发育，白云岩类以溶孔、孔洞为主，形成一套以构造裂隙、溶蚀裂隙、溶孔、溶洞组成的含水系统。

泉域内泉水出露于黄河东岸，可见泉水主要有三处：天桥大坝铺沟至铁匠铺一带，泉水流量3.5m^3/s；龙口地区，泉水流量0.52m^3/s；老牛湾地区，泉水流量2.49m^3/s，泉水大部分从黄河河道下溢出汇入黄河。

天桥泉域辖山西省河曲县、偏关县、保德县、神池县、五寨县、岢岚县、兴县，内蒙古自治区准格尔旗、清水河县，陕西省府谷县、神木县，跨三省（自治区）11县（旗）。

2. 泉域边界

北部边界：中西段以寒武、奥陶系碳酸盐岩地层剥蚀尖灭带为界。东段和东北部以太古界花岗岩隆起区为界。在山西省部分则以与内蒙古行政边界为界。自西向东为老牛湾—水泉—杨家窑。

东部边界：北段以断层及黑驼山地表分水岭为界，中段以地下分水岭与神头泉域为界，自北向南为杨家窑—刘家窑—下水头—暖崖东—大严备—义井镇—油梁沟。南段以地表分水岭与雷鸣寺泉域为界，自北向南为大东沟—黄草梁。

东南及南部边界：以芦芽山背斜轴部，地表分水岭为界，自北向南为芦芽山（2722m）—和尚泉—野鸡山—板楞（2206m）—黑茶山（2203m）。

西部边界：南段以奥陶系灰岩顶板埋深800m（标高200m）线为阻水边界。中段以黄甫—高石崖挠曲和田家石板张扭性断裂作为阻水边界。北段以奥陶系灰岩顶板埋深800m（标高400m）线为阻水边界。在山西省部分自老牛湾—保德则以黄河与内蒙古、陕西为界；南段自北向南以保德城西—白家沟东—兴县城—黑茶山西一线为界。

天桥泉域总面积13974km^2，其中可溶岩裸露面积为4404km^2，主要分布在泉域的东北部与南部地区，占泉域面积的31.52%。山西省泉域面积10192km^2，裸露可溶岩面积3422km^2，忻州地区泉域面积和裸露可溶岩面积分别为8620km^2和3228km^2，吕梁地区泉域面积和裸露可溶岩面积分别为1572km^2和194km^2。陕西、内蒙古泉域面积共为3782km^2。

3. 泉域水文地质条件

（1）含水岩组。

1）碳酸盐岩类岩溶水含水岩组。该含水岩组为泉域主要的地下水类型，分布较广，碳酸盐岩总厚度770～885m，其中寒武系厚227.2～418.5m，奥陶系厚515～595m，含水层岩性以灰岩、白云质灰岩、白云质泥灰岩、鲕状灰岩、竹叶状灰岩为主，岩溶形态以裂隙和溶蚀裂隙溶洞及峰窝状溶孔为主。富水性受区域构造及补、径、排条件等因素决定。处于断层构造破碎带附近富水性强，反之则弱。在平面上，由于东西向、北西向及南北向构造的存在，以及岩溶发育的不均一性，在岩溶水盆地中存在着强径流带，较为明显的有从龙口北部沿黄河底，至龙口—巡镇—河曲旧县—天桥近南北向强径流带；沿朱家川及县川河的部分河段存在强径流带。在垂直方向，奥陶系含水层富水性不均一，存在层间富水带，主要富水带为下马家沟组及上马家沟组。从补给区、径流区至排泄区富水性由弱变强，如位于补给区的五寨县城关铁路供水井Y20号，井深100m，钻孔揭露奥陶系石灰岩24.6m，单井涌水量815.6m^3/d。水位下降3.4m，单位涌水量239.88$m^3/(d\cdot m)$。而位于排泄区的保德铁匠铺S7孔（自1号），孔深150m，单井涌水量28570m^3/d，降深14.06m，单位涌水量2032$m^3/(d\cdot m)$。岩溶水水化学类型以$HCO_3-Ca\cdot Mg$型为主，溶解性总固体均小于0.5g/L，龙口和天桥地区出现少量的$HCO_3\cdot SO_4-Ca\cdot Mg$型水，溶解性总固体0.4～0.6g/L，水温13～15℃。

2）碎屑岩夹碳酸盐岩裂隙岩溶水含水岩组。该含水岩组以石炭系地层中的砂岩及夹层石灰岩为主要含水层，页岩、泥岩为隔水层。砂岩、石灰岩下伏页岩的接触面有泉水出露，泉水流量多为0.1～1.0L/s，富水性中等，水化学类型

以 $HCO_3-Ca\cdot Mg$ 型为主，并有少数 $SO_4\cdot HCO_3-Ca\cdot Mg$ 型水，溶解性总固体一般小于 0.5g/L。

3）碎屑岩裂隙水含水岩组。该含水岩组为山区及丘陵区人、畜生活用水主要水源，含水层为二叠系、三叠系砂岩，页岩、泥岩为隔水层，砂岩与泥页岩接触带有泉水出露，泉水流量一般为 0.01～1.0L/s，富水性弱，水化学类型以 $HCO_3-Ca\cdot Mg$ 型和 $HCO_3-Ca\cdot Na$ 型为主，溶解性总固体小于 0.5g/L。如孙家梁泉，出露流量为 0.7～0.8L/s。

4）松散岩类孔隙水含水岩组。该含水岩组主要分布于黄河及其支流河漫滩及阶地区，含水层为砂砾石层，厚度 5～30 m，水位埋深 0～10 m，黄河谷地富水性较强，单井涌水量大于 1000m^3/d。支流冲积层富水性较弱，单井涌水量 10～100m^3/d，其他地区孔隙水单井涌水量均小于 10m^3/d，水化学类型为 HCO_3-Ca 型或 $HCO_3\cdot SO_4-Ca\cdot Mg$ 型，溶解性总固体 0.5～1g/L。沿第四系中更新统或第三系底部砂砾石层底有小股泉水出露，流量较小。如唐子梁泉，泉水流量仅为 0.2～0.3L/s。

（2）地下水补给、径流、排泄条件。天桥泉域内地下水的补给来源为大气降水和地表水入渗补给，松散岩类孔隙水含水层接受大气降水入渗补给后，一部分入渗补给下伏含水岩组，一部分开采排泄，大部分以地下径流形式排入黄河。碎屑岩裂隙水含水岩组主要分布于朱家川河谷中，以大气降水入渗、地表水入渗补给为主，沿河谷以泉的点状排泄及少量的人工开采为主要排泄方式。

1）补给。

①降雨入渗补给。泉域东部与北东部广泛分布裸露碳酸盐岩和覆盖型碳酸盐岩，裸露区多分布于山坡及沟谷中，降雨直接渗入地下补给岩溶地下水，构成系统内岩溶地下水的重要补给项；覆盖区覆盖层多为中上更新统黄土及上第三系粉土质黏土层（两层间夹有厚度不大的砂砾石层），覆盖厚度一般在 100 m 以内，沟谷中碳酸盐岩往往被切出，其分布具有不连续的特点。降雨在黄土覆盖区首先进入黄土含水层形成孔隙水，黄土底部不稳定的第三系隔水层在局部形成了不连续的上层滞水，对下伏岩溶含水层产生补给，还有部分孔隙水以小泉水形式排出地表形成地表径流，在沟谷中遇灰岩出露段后发生二次渗漏补给岩溶地下水。

②河流渗漏补给。流域系统内较大河流有黄河、红河、偏关河、县川河、朱家川、岚漪河、蔚汾河等，各条河流流域内都存在来自碎屑岩的外源水，流经灰岩区时产生渗漏补给岩溶地下水，特别是黄河和红河，在系统内水量主要是外源水，平均入境地表水流量分别为 823.04m^3/s 和 7.858m^3/s。

黄河自北向南切穿整个系统，流长在 190km 以上，偏关河入口以北基本从碳酸盐岩区流过，径流过程中与岩溶地下水形成了三种补排关系：第一种从黄河在泉域北界入口至偏关欧犁嘴，长60km，东岸岩溶地下水位受南侧贾堡—教儿埝挠曲断裂构造阻水影响，水流向南排泄不畅，地下水位标高抬高至980～1000m，万家寨水库以上黄河水位960～970m，而西岸岩溶地下水位889～966m，黄河接受东岸岩溶地下水补给并向西岸渗漏；第二种为欧犁嘴向南至河曲路铺段，切出碳酸盐岩长约15km，黄河切过欧犁嘴挠曲后岩溶地下水位下降，黄河水位均高出两岸岩溶地下水位，河水渗漏补给岩溶地下水；第三种从河曲龙口到保德天桥水库段，河谷底部受一些小型褶皱构造起伏影响，奥陶系中统碳酸盐岩与石炭、二叠系碎屑岩相间出露，此段岩溶地下水水位标高865～833m，而黄河水位为862～797m，岩溶地下水通过碳酸盐岩露头段向上顶托补给黄河水。

红河主要发源于泉域北部的太古界变质岩区，汇水面积为5461km^2，泉域内流经碳酸盐岩区长度为8km，形成了系统内岩溶地下水的又一个重要补给源。

③水库渗漏补给。泉域内沿黄河建有天桥水库和万家寨水库，筑坝蓄水后大大抬高了黄河水位，部分地段增加或产生了河水对岩溶地下水的渗漏补给。

2）径流。岩溶地下水径流在宏观上主要受大的含水层空间展布特征控制，在接受东部大气降水入渗补给后，总体上由北、东、南向西部中段天桥龙口方向汇流，天桥一带被黄河切出天桥背斜轴部的碳酸盐岩，处于泉域内出露的最低处，自然成为岩溶地下水最终排泄点。天桥泉作为最低排泄基准点，与区域构造格架共同控制了泉域岩溶地下水流场的基本形态。但在泉域内部，各种补给源以及不同水文地质特征的结构面起伏分布，对局部流场的影响也是深刻的。

分布于泉域中靠北的北东东向贾堡—教儿嫣挠曲断裂构造、十八盘挠曲断裂构造以及欧犁嘴挠曲断裂构造使北侧地层抬高，部分地段出露中寒武统徐庄组碎屑岩隔水层，地层向北倾斜，并在北侧形成了与构造线平行的寒武系碳酸盐岩凹槽，地下水受到向南部运移的阻挡后，在挠曲东段形成了在构造南北两侧地下水位近百米的差别，迫使北侧岩溶地下水沿凹槽向老牛湾方向运移，到达西部黄河后，受挠曲构造的顶托与相对阻水作用，在其北侧形成了从清水河县的小缸房到欧犁嘴近40km长的（包括老牛湾泉）排泄带。挠曲构造以南，地下水位随奥陶系碳酸盐岩含水层急剧下降，使得黄河两岸岩溶地下水位降于黄河水位以下，产生了全方位的黄河水对岩溶地下水渗漏补给。在岩溶地下水运移过程中，当向西到达奥陶系与石炭系碎屑岩接触面后，由于受阻而改变径流方向，形成了与阻水界面相平行的经向径流，该界面处由于水流通量大，并存在上伏煤系地层酸性水的渗入，有利于岩溶的发育，从而形成了沿黄河西岸陈家沟门—魏家峁—龙口方向的子系统北翼傍河强径流带和魏家滩—曹虎—铁匠铺向天桥方向的子系统南翼强径流带。强径流带上的等水位线上明显形成槽形谷地，地下水丰富，含水层导水性强，如龙口地区单井涌水量1000～5000m^3/d，天桥地区单井涌水量大于 $5000m^3/d$；在魏家峁一带，天然条件下地下水位低于东侧老牛湾泉口标高近 40 m，中国地科院水环所等单位对北部强径流带示踪试验结果表明，该区地下水流速达 2～25m/h，而且随上游万家寨水库水位的提高，流速明显增大，可达 20～100m/h。

含水层介质结构对流场形态影响更突出地表现在水力坡度的变化方面，全区计算的平均水力坡度为 0.4%～0.6%，补给区的水力坡度远远大于排泄区，如从最东部暖崖到红崖子水力坡度为 1.22%；中部从红崖子到楼沟水力坡度为 0.87%；而排泄区旧县到天桥的水力坡度仅为 0.064%，窑洼到保德县城北侧铁匠铺水力坡度为 0.05%。这种水力坡度的变化一定程度上反映了含水层介质对地下水的阻力大小，补给区岩溶相对发育弱，水力坡度大；而排泄区岩溶相对发育，水力坡度则小。

3）排泄。黄河作为本区地表水与地下水的排泄基准面，控制了绝大多数泉域内岩溶地下水排泄量。除黄河河谷排泄外，在泉域东部地区偏关河和岚漪河河谷内存在一些小型泉水，流量一般在 $0.2m^3/s$ 以下，南部岚漪河内受芦芽山背斜影响，上游区切出太古界片麻岩及花岗片麻岩区域隔水层，上覆碳酸盐岩含水层中岩溶地下水被切开形成了侵蚀下降泉，如马跑泉、牛庄泉及温泉，均出露在中寒武统中；北部偏关河中高家湾泉和下土寨泉则主要是由于奥陶系下统相对弱岩溶化的含水层和石炭系上部隔水层的出露，在局部阻水作用下形成的侵蚀、溢流性泉。

4. 泉域水化学及水质特征

天桥泉域内岩溶地下水水化学类型简单，绝大多数是溶解性总固体较低的 $HCO_3-Ca\cdot Mg$ 或 HCO_3-Ca 型水。地下水在补给、渗流过程中，在有不同水质成分的其他类型水混合的同时，不断对周围固体岩石进行淋滤溶解。泉域内岩溶地下水水化学成分从补给区到排泄区总体上表现出各种离子组分增加的趋势，尤其以 SO_4^{2-}、Cl^- 快速增长趋势最突出，泉域补给区地下水溶解性总固体一般在 200～300mg/L，水化学类型为 $HCO_3-Ca\cdot Mg$ 或 HCO_3-Ca 型；径流区溶解性总固体在 230～350mg/L，由于上覆黄土中易溶离子的加入，水化学类型出现了 $HCO_3-Ca\cdot Mg\cdot Na$ 型少数样品；径流排泄区溶解性总固体一般在 350mg/L 以上，水化学组分中 SO_4^{2-} 含量明显增多，与地下水对石炭、二叠系硫化矿物的溶解有关；排泄区地下水溶解性总固体一般在 400mg/L 以上，个别点为开采井，井孔内水位已低于黄河水，其水质无疑受到了黄河水的影响。位于黄河西侧的滞流区，溶解性总固体急剧增加；水化学类型也变得复杂化，这种情况是地下水向西受阻滞流的结果。

泉域内岩溶地下水在排泄区 SO_4^{2-}、Cl^- 增高主要是所处的地下水动力区原生地球岩性所致。比较岩溶地下水主排泄点铁匠铺 1986 年、1987 年和现状的水化学含量，总体上变化不大，溶解性总固体基本在350～450mg/L，按照标准评价均属Ⅱ类地下水，但硝酸根含量明显增加，这种增加主要与河水硝酸盐关系密切，此外，也与泉域内整体环境变差有关。

5. 水位动态

天桥泉域岩溶地下水位受特殊水文地质环境条件改变，特点非常突出。补给区地下水位持续下降，如神池县大黑庄长观孔2000年10月至2004年6月，水位下降7.6m，年平均下降速率为2.2m；在径流区岩溶水水位变化不大，如2000年9月至2004年9月河曲磁窑沟长观孔水位下降0.55m，偏关自来水公司岩溶井水位略有下降；排泄区与黄河水位变动关系密切，特别是天桥水库2000年12月至2001年1月库水位标高为833.3m，同一时刻刘家畔岩溶水水位标高为837.7m，即黄河水位上升15.3m，岩溶水水位上升12.3m，平均库水位上升1.0m，岩溶水水位上升0.8m。天桥泉域面临的水文地质环境问题是在补给区内区域水位的持续性下降。

6. 天桥泉域岩溶水资源量

依据相关研究成果，天桥泉域岩溶水总资源量为16.07m^3/s，可开采量为14.41m^3/s。山西省境内资源量12.5m^3/s，可开采量10.5m^3/s。确定天桥泉域山西省境内岩溶水补给资源量为12.5m^3/s，可开采量为10.5m^3/s。山西省天桥泉域内，开采岩溶水的单位有河曲县自来水公司、偏关县自来水公司、保德县自来水公司、保德天桥电站、河曲电厂以及保德神华煤矸石发电厂下流碛供水水源地，已批复的岩溶水开采总量0.744m^3/s，天桥泉域水资源开发还有很大潜力。

7. 天桥泉域重点保护区范围

河曲龙口（电厂）水源地：位于龙口梁家碛—马连口村之间黄河南岸河漫滩地带。距河曲县城14km，距河曲电厂厂址大东滩10km。东自龙口东院村以东500m，西至马连口村西500m，北以黄河现代河床为界，南以二叠系地层出露边界为界，面积5km^2。

保德铁匠铺（电厂）水源地：位于铁匠铺村西北黄河滩上，南距保德县城6km，东以二叠系地层出露边界为界，西以黄河现代河床为界，北距天桥大坝250m为界，南至天桥地堑为界，面积约1km^2。

8. 水资源量及可利用总量

（1）水资源量。根据忻州市第二次水资源评价结果，1956—2000年系列偏关县多年平均水资源总量12033万m^3/a，水资源量中河川径流量2857万m^3/a，重复计算河川基流量872万m^3/a，降雨入渗补给量10048万m^3/a；1980—2000年系列偏关县多年平均水资源总量11411万m^3/a，水资源量中河川径流量2262万m^3/a，重复计算河川基流量841万m^3/a，降雨入渗补给量9990万m^3/a。

(2) 水资源可利用量。偏关县地表水资源总量2857万m^3/a，由于境内偏关河及其支流的地表水多为雨季洪水径流量，泥沙含量较大且都直接或间接排向黄河，可利用系数较小。

全县地下水资源总量为10048万m^3/a，可开采量为2434万m^3/a，其中岩溶区地下水资源量为8945万m^3/a，可开采量1541万m^3/a，一般山丘区裂隙空隙地下水资源量为1103万m^3/a，可开采量893万m^3/a。

9. 水资源开发利用现状

根据《山西省用水统计分析报告》，2008年偏关县总取水量为448.11万m^3，其中地表水取水量196.37万m^3，地下水取水量251.74万m^3。

2008年偏关县城市生活取水量为56.6万m^3，包括居民生活用水41万m^3，公共用水6.8万m^3，市政用水4.7万m^3，其他用水4.1万m^3；工业取水量68.15万m^3；农业取水量323.36万m^3，包括农业灌溉用水取水量168万m^3，人畜用水取水量155.36万m^3；分别占取水总量的12.6%、15.2%、72.2%。

11.4 井田地质及水文地质条件

11.4.1 井田地质

1. 地层岩性

根据地面露头及钻孔揭露，本区地层主要有奥陶系、石炭系、第三系和第四系，现从老到新将地层分述如下：

(1) 陶系中统(O_2)。本组地层主要由泥质灰岩、条带状泥灰岩、白云质灰岩及石灰岩组成。井田内未出露，厚约390m。

(2) 石炭系本溪组(C_2b)。本组地层与下伏奥陶系中统呈平行不整合接触，为滨海海滩沉积与浅海沉积，井田内未出露，主要由铝土页岩、砂岩、含菱铁矿结核及条带紫色页岩、粉砂岩及泥质灰岩组成。底部为窝状山西式铁矿，下部为铝土质页岩、铝土岩，含有黄铁矿及菱铁矿，厚10～20m。

(3) 石炭系太原组(C_3t)。本组地层为区内主要含煤地层，未见顶，分布于磁窑沟及关河一带。根据煤层、标志层产出情况，可分为太原组一段和二段。一段由含砾粗砂岩、粉砂岩、细砂岩、黏土岩、黑色页岩、炭质页岩及泥质灰岩等组成，间夹有13～16号煤层，本段平均厚度约53m。按岩性组合可分为四个岩性段。第一亚段底部为中粗粒砂岩，自下而上可分两个粒级序列旋回，均由粗到细。岩层内部含有铁质结核或菱铁矿层，含少量长石，碎屑物占60%～70%以上，杂基为黏土质，钙质铁质胶结，稳定分布，被定为S_1标志层；第二亚段由炭质页岩、黏土岩、粉砂岩及16号煤层组成；第三亚段由两层生物碎屑灰岩及所夹的15号煤层或炭质页岩组成，这两层灰岩被定为L_2、L_1标志层，相当于吴家峪灰岩；第四亚段由炭质页岩、黏土岩及13号、14号煤层组成，两层煤层间隔1～2 m，其间为炭质页岩，13号煤层顶部黏土岩较稳定，厚5～10 m，局部可构成软质黏土。总之，一段为一套海陆交互相的沉积岩系；二段地层出露不全，区内零星可见，多为含砾粗砂岩、12号煤层，炭质页岩及黏土岩等。含砾粗砂岩，即S_2标志层，平均厚度大于20 m，底部见薄层泥质粉砂岩，中部以巨厚层状中粗粒砂岩为主，含少量砾石，碎屑物以石英为主，钙泥质胶结。本段厚大于22m。

（4）第三系上新统（N_2）。本组地层分一段和二段，与下伏地层为不整合接触。一段由砂砾石层组成，砾石为巨砾—卵石，钙质胶结，并未完全固结成岩。二段主要由红色亚黏土组成，本段分布于全区沟中，与上覆黄土层呈波状起伏接触。

（5）第四系（Q）。

上更新统（Q_3）：由黄色亚砂土组成，广泛分布于区内各处，最厚大于100m，与下伏地层呈不整合接触。

全新统（Q_4）：由冲洪积物、残坡积组成，分布于区内各沟谷及河床，厚度小于20m，一般为5m左右。

2. 井田构造

本区构造骨架为一个向东倾斜的盆地，叠加在盆地之上有少数波状起伏的开阔褶皱，最主要的是偏关城—磁窑沟背斜，该背斜，轴向北东东，长2km，北翼地层向北东或北西倾斜，倾角5°～7°，南翼地层向南东或南西倾斜，倾角约7°。次构造对所涉及范围内的13号煤层有影响，多处因该地层隆起煤层被切割而缺失。本井田处于偏关城—磁窑沟背斜的南翼。据基岩及深部钻探资料所知，区内未发现断距大于15m的断层，仅见一些小型断裂，断距多小于1m，故对煤层影响不大。

3. 煤层

本区含煤地层有石炭系中统本溪组和上统太原组。本溪组含煤性极差，未发现可采煤层，仅在上部见1～2层厚0.20m的煤线（磁窑沟以西）。

太原组为一套海陆交互的含煤建造，上覆于本溪组地层之上，呈整合接触，可分为一段、二段。太原组一段厚45～65m，平均53m，主要由砂岩、炭质页岩、黏土岩、生物碎屑灰岩及煤层（线）组成。含13～16号煤层，为本区含煤性最好的地层，其中13号煤层全区可采，含煤系数为23.1%。14～16号煤层不可采。太原组二段局部含12号煤层，不可采。

13号煤层位于太原组一段上部或顶部、毗邻太原组二段底部砂岩（S_2）处，与下伏14号煤层相距最小1.0m，一般为2.0～5.0m，为本矿区可采煤层，厚度4.75～17.09m，平均厚度13.59m；稳定可采，煤层结构简单，夹矸2～3层，厚0.02～0.20m，呈条带状产出。13号煤层伪顶和直接顶板为炭质页岩或直接顶板为黏土岩，老顶为太原组二段底部砂岩，底板为炭质页岩。采煤层特征见表11.2。

表11.2　　13号煤层特征

煤层编号	煤层厚度/m			含夹矸层数	煤层结构	煤层稳定程度	煤类	可采情况
	最大	最小	平均					
13	17.09	4.75	13.59	2～3	较复杂	稳定	CY	可采

11.4.2 井田水文地质条件

1. 主要含水岩组

(1) 奥陶系灰岩岩溶含水岩组。该含水岩组由奥陶系马家沟组灰岩组成，为巨厚层，井田内未出露，含有丰富的岩溶水，但在矿区内地表无泉水出露，据调查结果，水位标高约880m，强富水性，水质类型为HCO_3－Ca型，为良好的饮用水源，主要接受大气降水和顶部含水层的越流补给。

(2) 石炭系砂岩裂隙含水岩组。该含水岩组由本溪组和太原组的砂岩、生物灰岩组成，风化及构造裂隙发育，实地调查未发现矿区有地表泉水出露，地下水位埋深在57～100m，均有良好的隔水顶、底板，具一定承压性。

太原组砂岩（S_2）在主煤层之上，风化及构造裂隙均发育，据钻孔揭露情况，该层基本上不含或局部微量含水，上部直接覆盖有第三系砾岩，下部是黏土岩和页岩。

太原组砂岩（S_1）位于主煤层以下，顶、底板均有隔水层的存在，钻孔揭露岩层的裂隙沿水平层理发育，并且有流水活动的痕迹及充填物，水质类型为HCO_3－Ca·Na·Mg型，pH值为7.9，矿化度为0.468g/L；受大气降水的渗入补给及顶部潜水和上层滞水的渗入补给。

(3) 第三系砾石层及红土层中含钙质结核孔隙含水岩组。第三系砾石层：本区多处出露，厚度不一，岩性为灰岩角砾，胶结性好，实地调查未发现矿区有地表泉水出露，孔隙水水质类型为HCO_3·SO_4－Mg·Ca·Na型，pH值为7.9，矿化度为0.49g/L；含水岩层的补给源为大气降水，以蒸发排泄的形式排泄。

第三系红土层中含钙质结核孔隙含水层：区内出露广泛，厚度不一，钙质结核层多层出现，且红土又具隔水性能，因此钙质结核层中含有丰富的孔隙水，实地调查未发现矿区有地表泉水出露，孔隙水水质类型为HCO_3－Ca·Mg型，pH值为7.6。据民井调查，水位埋深在6～7m，受大气降水控制，动态变化明显。

（4）第四系黄土孔隙含水岩组。该含水岩组由第四系黄土组成，在区内分布广泛，含有较丰富的潜水和上层滞水，底部为隔水性能良好的第三系红土，调查发现目前地表无泉水出露，主要补给源为大气降水。

（5）第四系冲洪积砂砾石夹亚砂土孔隙含水岩组。该含水岩组呈条带状分布于河谷地带及其支沟，含水层为现代河流的冲洪积物。

河漫滩与一级阶地含水层：单一的近代冲洪积砂砾石层，在一级阶地中厚4～10m，地下水位在河漫滩接近地表，沿阶地前缘有泉水出露，如矿区北东部岳家沟一带S66、S67涌水量分别为0.054L/s、0.128L/s，水质类型为$SO_4 \cdot HCO_3 - Ca \cdot Mg$型，矿化度为0.891g/L，pH值为7.5，汇入偏关河后，与河流的化学性质相同。

二级阶地含水层：含水层为第四系上更新统透镜状砾卵石层，厚度变化大，地下水埋深也大，一般在35～40m，且富水极不均匀，由于二级阶地在平面上展布面积大，所以接受大气降水补给的面也广，故动态变化也大。

2. 隔水层

（1）石炭系太原组泥岩层间隔水层。石炭系中发育大量泥岩，特别是太原组泥岩，厚度大，分布广，最大泥岩厚度可达10m，是良好的层间隔水层。另外，还发育有砂质泥岩，有一定的隔水性。总之，泥岩及砂质泥岩共同作用，使各含水层间的水力联系减弱。

（2）本溪组泥质岩隔水层。本溪组地层由铝质泥岩、泥岩、砂质泥岩等组成，其厚度平均20m，虽然其厚度不大，但隔水性良好，为区域性隔水层之一。

3. 地下水的补给、径流、排泄条件

本区内第三系钙质结核孔隙和砾石层孔隙水以及第四系黄土孔隙水的补给源为大气降水，由于它们多处于丘陵的斜坡地带和分水岭顶端，分布面积小，汇水条件差，降水渗入有限，故地下水水量较为贫乏，动态随气候的变化而变化，径流途径短，以泉的形式向沟谷排泄，最终形成溪流而汇入偏关河。

第四系砂砾石层中的孔隙水，除接受大气降水的渗入补给外，还接受终年性溪流的地表水渗漏补给，以及两侧黄土谷中的间隙性泉水补给，经过短途地下水径流，以泉的形式和蒸发排泄。

太原组砂岩（S_2）裂隙水：由于风化裂隙发育，所以地下水循环条件好，它主要接受大气降水和上覆孔隙含水层中水的补给，经过地下径流以泉的形式和蒸发排泄。

太原组砂岩（S_1）裂隙水：由于顶、底板隔水性能好，所以补给受到限制，仅在剥蚀露头处接受大气降水的补给，和在局部接受河流的补给和河水的补给，经河流及泉的形式排泄。

深部奥陶系灰岩岩溶水，多直接与第四系地层接触，除接受大气降水的补给外，还要接受第四系孔隙水的补给和河水的补给，经过长途地下径流，自黄河排泄。

总之，位于当地侵蚀基准面以上的地下水补给地表水，煤系地层普遍以泉的形式排泄补给偏关河，当地侵蚀基准面以下，钻孔中的静止水位普遍低于河流的正常年水位。

11.4.3 矿井充水水源

1. 大气降水

降水通过入渗或风化裂隙漏入坑道，枯水期和丰水期差别较大，在雨季它可成为矿井涌水的主要充水水源。

2. 裂隙承压含水层

太原组砂岩（S_2）裂隙水：由于风化裂隙发育，地下水循环条件好，它主要接受大气降水和上覆孔隙含水层中水的补给，不排除富水性较好的可能，对下伏主要煤层有一定影响。

太原组砂岩（S_1）裂隙水：此含水层虽具承压性，但其承压水位标高低于主煤层最低底板标高，所以它对上部主煤层影响不大，而煤系地层中的岩溶水甚微，对煤层影响较小，但在构造发育的地方，特别是小构造发育的地方，上述水源对主煤层的影响不可忽视。

3. 奥陶系灰岩岩溶水

该含水层虽水量丰富，具有承压性，但对主煤层影响不大，据水井调查，奥陶系灰岩岩溶水承压水位标高约为880m，它低于主煤层最低底板标高1000.57m，所以矿井不可能发生底板突水现象。

4. 地表水

深部煤层采掘时，地表通过塌陷穴、裂隙及导水断层，也会溃入坑道，构成矿床充水水源。

5. 老窑积水

本区煤层开采有久远的历史，老硐埋藏小于100m，多因设备简陋而停采，部分老硐已坍塌积水。

11.4.4 矿井涌水量

该煤矿开采13号煤层，原年产量15万t，日排水量180～240m^3。当矿井生产能力达到年产120万t规模时，采用富水系数比拟法预计正常涌水量为60m^3/h，雨季最大涌水量为80m^3/h。

11.5　井田开采对地表水环境影响评价

11.5.1　评价区河流特征

本区域河流属黄河水系。评价区内主干水系为偏关河，其余支沟为季节性河流，平时干涸无水，只在雨季时汇集地表洪水后水量大增，但雨过后迅速回落。雨季洪水由各支沟排入偏关河，最终流入黄河。

正兴井田东侧紧邻偏关河，该河属于黄河的一级支流，直接距离约2km，发源于东部平鲁区境内，全长124.9km，境内流长66km，河床平均比降6.3‰，河宽10～100m，境内流域面积1151km^2，有大大小小支沟2160条，1km以上的沟壑密度4.1km/km^2。上游平时多为季节性流水，中下游常年流水，实测最大洪水流量2140m^3/s，由东向西出境。

偏关河也是正兴煤矿的受纳河流。目前，评价区段偏关河没有清水流量，平时河流主要接受县城、周边行政村的生活污水以及煤矿排水。

11.5.2　采煤对地表水环境影响分析

正兴煤矿地处山区，地形复杂，河谷切割很深，水文网发育，因此地表水较少，沟谷内径流很少，大部分为季节性河流。采煤前水循环比较简单，大气降水降落到地面后，一部分形成地表径流，一部分渗入包气带，渗入包气带中的水，一部分蒸发返回大气，一部分继续下渗，煤矿开采形成的井田巷道系统，容易汇集这部分下渗水，改变地表水径流条件。同时矿井排水造成以煤矿为中心的地下水降落漏斗，煤层以上含水层地下水存储量不断被疏干。随着矿山开采规模的扩大，采空区面积增加，采煤塌陷形成的导水裂隙带很有可能成为地表水与井下巷道之间的联系通道，使得地下水运动方向逐渐由天然条件下的横向运动转变为垂直运动，降水入渗速度加快，地表水资源量不断向地下水转化，对地表水环境将产生影响。同时，采煤过程中矿井排水进入地表水体，也将对地表水环境将产生影响。

1. 煤矿开采对地表水环境影响途径分析

根据正兴煤矿建设的实际情况，改扩建工程对地表水环境的影响途径主要包括三个方面：一是工业场地布置对地表水环境的影响；二是采煤塌陷对地表水环境的影响；三是建设项目排水对地表水环境的影响。

2. 改扩建工程对地表水环境的影响评价

（1）工业场地布置对地表水环境的影响评价。根据正兴煤矿井下开拓部署、场外运输、输电线路设计情况，将矿井工业场地选择在原九鑫煤矿工业场地内。

由于东北边界紧邻关河，河对岸为偏关县城，工业场地总占地面积5.8hm^2，占偏关河流域面积微小，而且邻河场地边界筑有围墙，对偏关河的产、汇流条件影响甚微。偏关河径流主要为雨季洪水，平时基本干涸，无径流量，故工业场地布置对地表水环境的影响小。

正兴矿区建设充分利用已有设施，对不满足安全生产要求的工业场地进行扩建补充。新增的风井场地位于荒沟内，面积仅有0.92hm^2，只担负矿井回风任务，作为矿井的一个安全出口，对地表水下垫面以及产、汇流条件影响小。

（2）采煤塌陷对地表水环境的影响评价。偏关河及各支沟内的径流是区内的主要地表水。在煤炭开采的过程中，采场周围岩体将产生应力重分布，使上覆岩体产生变形、位移和破坏，并在采空区上部出现冒落带、裂隙带及弯沉带。根据《矿区水文地质工程地质勘探规范》经验公式计算，得到导水裂隙带最大高度为83.73m，而主煤层最低底板标高1000.57m，瓷窑沟中下游与南沟沟谷地带处在1084.30m以下，导水裂隙带直接影响到地面，所以导致局部采空区“三带”与地表水体发生联系，使地表水、大气降水直接渗入矿井形成矿井水，影响区域的地表径流量明显减少，造成地表水资源破坏，对地表水环境产生影响。

（3）建设项目排水对地表水环境的影响评价。建设项目排水主要包括矿区生产生活污水与矿井废污水。

矿区生产生活排水量主要有食堂、浴室、办公楼等建筑内的一般生活污废水，生活污水水量约216.36m^3/d，生活污水中的主要污染因子是COD、BOD_5、SS和NH_3-N，类比预测水质为COD：100～300mg/L，BOD_5：90～150mg/L，SS：100～200mg/L，NH_3-N：25～30mg/L。矿井废污水正常涌水量60m^3/h，最大涌水量80m^3/h，主要污染因子是SS和COD，类比预测矿井水水质为SS：200～2000mg/L，COD：90～700mg/L。

矿区将建设矿井水处理站一座，生活污水处理站一座。矿井水采用“混凝沉淀（高密度迷宫斜板沉淀）＋过滤（重力无阀过滤）”处理工艺，处理后的矿井水回用于井下消防、洒水，回用水量约864m^3/d，其余达标排入偏关河。矿区生产生活污水选择集成式污水处理回用系统进行处理，处理后全部用于黄泥灌浆站用水，不外排。

整合前工业场地内没有污水处理站，废污水直接排放附近山沟中。由于污染物指标均超标，如果建设项目不采取污水处理措施，直接排放将对矿区各支沟地表水体造成污染，汇入偏关河后造成偏关河水的污染，而偏关河再汇入黄河，最终会造成黄河水环境的污染。

项目排水受纳区为偏关河，污水经过处理以后其退水水质将优于现状水质，对照《污水综合排放标准》，项目排水应执行二级标准。

参照《环境影响评价技术导则 地面水环境》，建设项目对地表水的评价范围，一般为纳污河流排放口上游500m至下游5km。正兴煤矿总排水口紧邻偏关河，由于项目排水经过污水处理后达到《污水综合排放标准》二级标准，且总量不是很大。在正常情况下，将不会对矿区、偏关河及黄河水环境产生明显影响，即对地表水环境的影响小。

综合以上分析，研究得出正兴煤矿的工业场地布置对地表水环境变化影响小，开采塌陷对地表水环境有影响，在采取污水处理措施的前提下，建设项目排水对地表水环境的影响小。

11.6　井田开采对地下水环境影响评价

11.6.1　矿井开采对地下水环境影响机理

正兴矿区煤炭开采前，各含水层与上伏含水层及下伏含水层之间均有一定厚度的隔水层，水力联系微弱。由于大气降水的补给条件较差，富水性较差，含水层地下水的运动一般以层间径流为主，仅在构造裂隙部位才有可能与其他含水层存在水力联系。在煤炭开采的过程中，首先形成以矿坑为中心的地下水降落漏斗，破坏了地下水循环体系，致使地下水均衡失调，改变了矿区地下水天然条件下的补给、径流及排泄条件，使上覆孔隙含水层、裂隙含水层中的地下水渗入巷道，形成矿井涌水；若煤层上覆孔隙含水层、裂隙含水层与煤层下伏岩溶含水层有一定的水力联系，煤炭开采也会对岩溶含水层的地下水环境造成间接影响。

11.6.2　矿井开采导水裂隙带及影响范围的计算

1. 导水裂隙带高度计算

正兴煤矿开采的13号煤层为水平及缓倾斜煤层，厚度4.75～17.09m，平均厚度13.59m。煤层伪顶和直接顶板为炭质页岩或直接顶板为黏土岩，厚5～10m，老顶为太原组二段底部砂岩，厚度大于22m。太原组二段S_2标志层为含砾粗砂岩，其中部以巨厚层状中粗粒砂岩平均厚度大于20m。

本矿上覆地层岩性为中硬，导水裂隙带高度采用《矿区水文地质工程地质勘探规范》中的经验公式进行估算，即

$$H_{导}=20\sqrt{\sum M}+10 \tag{11.1}$$

式中，$\sum M$取13号平均煤层厚度13.59m。代入上式计算得到本矿导水裂隙带最大高度为83.73m。

由此可知，煤系地层在开采过程中，导水裂隙带将破坏石炭系砂岩裂隙含

水层隔水顶、底板，承压含水层转变为无压含水层。隔水层的破坏导致上覆含水层地下水向下入渗汇集到矿井中。

2. 影响范围的确定

第四系地层、第三系地层储水条件较差，富水性较弱，涌水量较小，在矿井排水疏干过程中，矿坑的涌水量，包括其周围的水位降深呈现相对稳定状态时，即可认为以矿井为中心形成地下水相对稳定的辐射流场，采用“大井法”估算引用半径，即

$$r=\frac{\sqrt{F}}{\pi}=0.564\sqrt{F} \tag{11.2}$$

排水影响半径采取经验公式估算

$$R=10S\sqrt{K} \tag{11.3}$$

式中 K——矿井疏干含水层渗透系数，取 0.064m/d；

S——最大水位降深，取 75m。

求得 $r=1306.53$，$R=189.74$m。

地下水疏干影响具有系统性，影响范围不仅限于井田范围之内，对矿界周边的地下水也将造成疏干影响。降落漏斗的影响半径 R_0 应等于“大井”的引用半径 r 加上排水影响半径 R，即

$$R_0=R+r \tag{11.4}$$

经计算，降落漏斗的影响半径为 1496.27m，矿区开采疏干地下水范围面积约 7km^2。影响范围内地下水资源一旦受到破坏，在煤矿开采后很长时间内难以恢复。同时由于周围煤矿的开采，对区域地下水影响进一步加大。

11.6.3 矿井开采对孔隙地下水资源的影响分析

正兴煤矿区孔隙含水层主要为第四系黄土孔隙含水层、第四系冲洪积砂砾石夹亚砂土孔隙含水层和第三系砾石层及红土层中含钙质结核孔隙含水层，呈带状分布于河谷地带及其支沟。这些含水层的主要补给源为大气降水，动态变化明显。

正兴煤矿开采对孔隙含水层水资源影响主要有以下两种途径：

(1) 煤矿开采致使地表水资源量减少，从而减少了地表水对孔隙含水层的补给，造成煤矿开采影响区的孔隙水因得不到补给而随之减少。

(2) 矿井排水使原来上下含水层之间的水动力平衡状态遭到破坏。导水裂隙带发育高度为 83.73 m，将直接破坏河谷地带及其支沟内的部分孔隙含水层，对第四系孔隙含水层和第三系孔隙含水层均产生影响；石炭系砂岩裂隙含水层隔水顶、底板大量次生裂隙发育，上覆含水层孔隙水在裂隙带垂直下渗补给裂隙水，引起孔隙含水层地下水位的下降，孔隙水入渗到矿井内，孔隙含水层的

地下水资源遭到破坏，部分上覆孔隙含水层将会被疏干，孔隙地下水环境遭到破坏。

11.6.4 矿井开采对裂隙地下水资源的影响分析

正兴煤矿区裂隙含水层为石炭系砂岩（S_2、S_1）裂隙含水层，风化及构造裂隙发育，有良好的隔水顶、底板，具一定承压性。其中太原组砂岩（S_2）在主煤层之上，由于风化裂隙发育，所以地下水循环条件好，它主要接受大气降水和上覆孔隙含水层中水的补给。太原组砂岩（S_1）位于主煤层以下，由于顶、底板隔水性能好，所以补给受到限制，仅在剥蚀露头处接受大气降水的补给。现场调查发现矿区内沟谷内没有裂隙泉水出露，可能是由于气候及多年矿井水排放的影响已发生枯竭。

在未来投产开采过程中，预计导水裂隙带达83.73m，必然会贯穿砂岩（S_2）裂隙含水层，使得砂岩（S_2）裂隙含水层中的地下水进入矿井，原有的自然平衡遭到破坏。同时形成以矿井为中心的降落漏斗，改变了原有地下水的补给、径流、排泄条件，使得影响半径之内的砂岩（S_2）裂隙含水层地下水流加快，局部地段由承压水转为无压水，导致13号煤层以上砂岩（S_2）裂隙含水层水位下降，裂隙水资源量减少。对于砂岩（S_1）裂隙含水层，由于其处在主煤层之下，一般情况下矿井开采对其影响小，若影响到该含水层入渗补给的露头，也会因其接受大气降水入渗补给减少而造成其地下水资源量的减少。

11.6.5 矿井开采对岩溶地下水资源的影响分析

正兴煤矿区岩溶含水层为深部奥陶系岩溶含水层，由马家沟组灰岩组成，为巨厚层，主要接受大气降水、第四系孔隙水和河水的补给，矿区内未出露，含有丰富的岩溶水，在地表无泉水出露。一般而言，山西煤矿开采上组煤层对深部岩溶含水层水位的影响很小，但开采下组煤层以及矿井排放深层裂隙水，则对深部岩溶含水层地下水位有一定的影响。若煤层开采标高高于岩溶水水位标高，由于断裂构造和裂隙的沟通，同时采煤过程中地应力的重新分布，以及下组煤系地层裂隙水的疏干，造成裂隙水和岩溶水之间的水动力平衡破坏，矿井开采到一定水平时，煤矿疏排裂隙水的同时，也在间接地排放深部的岩溶地下水，造成岩溶含水层的地下水位下降。另外，如果煤层带压，当煤系底部隔水层不能抵御水压或矿山压力对其的破坏时，则造成矿井底板突水，对岩溶水资源造成破坏，岩溶含水层地下水位下降。

据调查结果和资料分析，正兴煤矿奥陶系灰岩承压水水位标高约880m，而13号煤层最低底板标高1000.57m，承压水水位远远低于煤层底板。另外，根据《山西省岩溶泉域水资源保护》，天桥泉域煤矿带压区主要分布在泉域南部龙口以南各入黄支流西部一带，进一步说明本矿区煤矿开采发生底板突水的可能性小。煤矿开采及矿井排水对上覆孔隙及裂隙含水层的破坏，可能造成煤层上覆含水层对煤层下部岩溶含水层的越流补给量有所减少，但由于本区岩溶水丰富，开发利用量小，矿井开采对岩溶地下水资源量影响小。

11.6.6 煤矿开采对地下水环境的影响评价

正兴煤矿区的裂隙水为承压水，在其含水介质中不仅富含大量的煤，同时有黄铁矿的存在。采煤前，这些黄铁矿处于相对稳定状态，几乎不参与氧化还原反应。采煤后，由于上覆裂隙含水层地下水位下降，原来的一部分含水层暂时转化为包气带，地层中的黄铁矿被氧化，形成了硫酸根离子。随着采煤的持续进行，地下水成为富含硫酸的酸性矿井水，并且与围岩中的方解石等发生化学反应，最终使得采煤影响范围内的裂隙地下水环境呈现高硫酸根及高硬度污染的特点。

根据前述地表水环境影响的评价可知，正兴矿区的废污水主要是矿井废污水和生产生活污水，含有一定的有害成分，若不采取措施对污水进行处理，直接排放后将对各支沟地表水、偏关河及黄河地表水环境造成污染，对天桥泉域地表水环境产生影响。当被污染的偏关河水通过河道灰岩渗漏段和下覆岩溶含水层发生联系，为污染物进入岩溶含水层开辟了途径，将间接造成岩溶含水层中地下水的污染，如果这些污染的岩溶地下水径流到天桥泉域重点保护区的河曲龙口（电厂）水源地，有可能对水源地造成污染，即对天桥泉域岩溶地下水环境有影响。在矿方采取污水处理措施及达标排放的前提下，对天桥泉域岩溶地下水环境影响小。

综合以上分析，研究得出正兴煤矿开采造成矿区及其影响范围孔隙含水层、裂隙含水层地下水资源量减少。本矿不在天桥泉域煤矿带压区，发生底板突水的可能性小，对岩溶含水层地下水资源影响小。采煤可造成裂隙地下水环境呈现高硫酸根及高硬度污染。若不采取污水处理措施，正兴矿区废污水将对孔隙含水层、裂隙含水层的地下水造成污染，对天桥泉域的地下水环境产生影响。在采取污水处理措施的前提下，对天桥泉域的地下水环境影响小。

11.7 井田开采对矿区生产生活水源的影响评价

11.7.1 井田影响范围居民生产生活用水现状

正兴煤矿区范围内的居民涉及正兴煤矿办公区工作人员及磁窑沟村、马道村、路家窑村、西沟村、窑子上村及庄坪村六个村庄村民。

据调查，正兴煤矿处于改扩建阶段，行政福利区生活用水来自偏关县自来水公司。矿区内的庄坪村和磁窑沟村各有一眼岩溶深水井，均取自奥陶系马家沟组灰岩含水层，供两村人畜生活用水。其余各村一直沿用旱井取水的方式解决人畜用水。但由于旱井集蓄雨水数量十分有限，除供居民人畜用水外，基本没有多余的水满足农业灌溉需要，因此区内农业生产全部为旱地，产量高低完全依赖自然降水，始终未摆脱靠天吃饭的格局。总体上正兴矿区内居民生活用水基本维持在一个较低的水平。

11.7.2 矿井开采对居民生产生活用水的影响

在正兴煤矿开采过程中，在导水裂隙带的影响下，煤层上覆含水层的渗流状态发生改变，首先形成以矿坑为中心的地下水降落漏斗，影响范围不仅限于井田范围，对矿界周边的水环境也将造成影响。又因导水裂隙带的发育，岩层间隔水层遭受破坏，改变其径流特征，煤层上覆各含水层中的地下水漏入或涌入矿井内，使地下水变成矿井水。

对于旱井取水村庄村民，矿井开采形成的导水裂隙带为地表水与井下巷道形成一个联系的通道，致使大气降雨的入渗速度加快，地表水和上覆含水层沿构造破碎带或裂隙流入地下，导致旱井集蓄的雨水越来越少；在导水裂隙带波及地表的沟谷地带，地表裂缝发育以及塌陷变形，使得旱井因结构变形集蓄水能力大大降低，对居民生产生活用水产生较大的影响，吃水难度加大。

对于采用岩溶深井水的庄坪村和磁窑沟村村民，尽管因煤矿开采对上覆含水层的水资源和水环境造成一定的影响，但由于偏关县的岩溶地下水整体上开发利用程度不高，岩溶地下水比较丰富，煤矿开采后庄坪村和磁窑沟村岩溶水井的出水量不会发生大的变化，完全能满足村民生产生活的需要。对于正兴煤矿，其工业场地奥陶系岩溶水源井完全能满足办公区人们的生活需水要求。

综合以上分析，研究得出正兴煤矿开采对采用旱井水的居民生产生活用水有影响，对采用岩溶深井水的居民生产生活用水影响小。

11.8 固体废弃物对水环境的影响评价

11.8.1 固体废弃物

正兴煤矿的固体废弃物主要包括煤矸石、锅炉灰渣和生活垃圾。

1. 煤矸石

根据《山西焦煤集团正兴煤业有限公司九鑫煤矿整合初步设计说明书》，井下开拓的煤矸石主要成分是细砂岩及粉砂岩，还有混入的少量煤炭；开拓产生的矸石量不是很大，经相关专业核算后决定井下矸石直接用以回填采空区；开采的煤炭资源运输至封闭式储煤场，地面不设矸石临时堆放场地。

2. 锅炉灰渣

正兴矿井锅炉灰渣产生量约2962t/a，锅炉灰渣除含有8%～12%未燃尽的可燃有机物质外，其余基本上都是无机物。据有关分析资料，灰渣中SiO_2、Fe_2O_3、Al_2O_3、CaO、MgO一般含量分别为50%、8%、30%、4%、1%左右，其成分与黏土接近。

3. 生活垃圾

正兴矿井工业场地的生活垃圾产生量为83.22t/a，需定期收集，集中处理。由于生活垃圾产生量较小，单独进行无害化处理费用较高，矿井应在工业场地内每天派专人收集，将收集的生活垃圾交由当地环卫部门一并处置。

11.8.2 固体废弃物对水环境的影响评价

一般情况下，煤矸石对水环境的污染主要体现于露天堆放的煤矸石在降水的作用下发生一系列的物理化学变化，其中有毒有害物质、氟化物及毒性元素As、Hg在水动力的影响下进入地表或地下水环境，造成矸石周围地区的地表水和地下水严重污染。由于正兴煤矿改建投产后，本矿煤矸石直接用以回填采空区，在场地不设露天堆放的煤矸石堆放场，所以煤矸石对水环境不会产生影响。

锅炉灰渣一般用来填埋低洼地平整场地、铺垫道路，在雨季降水和除尘洒水的不断淋滤下，其中的有毒物质会随着地表水流到下游沟谷中，或通过入渗至浅层地下水中，对地表水和地下水环境造成污染。

对于生活垃圾，交由当地环卫部门一并处置，不存在降水淋滤情况，不会对地表水和地下水环境产生影响，对矿区及天桥泉域水环境的影响小。

综合以上分析，研究得出煤矸石对矿区及天桥泉域水环境不会产生影响，锅炉灰渣对矿区及天桥泉域水环境有影响，生活垃圾对矿区及天桥泉域水环境的影响小。

11.9 煤矿区水环境保护措施

11.9.1 采煤过程中应采取的措施

1. 严禁开采村庄下伏煤层，确保旱井、岩溶水井及村民安全

根据煤炭资源整合设计及正兴煤矿的规划，井田开采将不对矿区内涉及的村庄进行整体搬迁。为确保矿区内旱井、岩溶水井及村民安全，在矿井开采过程中应按规范留设足够安全距离予以保护，严禁越界开采。

2. 确保岩溶深水井免遭污染

煤矿开采对第四系、第三系孔隙水及石炭系太原组砂岩裂隙水有影响，致使对矿区内采用旱井的居民生活用水产生了影响。对于庄坪村及磁窑沟村，井田开采应确保两村的岩溶水井的供水安全，使其免遭污染。

3. 污水资源化及综合利用

矿区污水水资源化及综合利用，可大大减轻由于矿区地下水资源的过度排放而造成的矿区水环境系统的破坏，有效地缓解矿坑排水与水资源保护之间的矛盾，真正实现水资源及煤炭资源的可持续开发利用。为此，正兴煤矿在改扩建及生产过程中必须做到污水资源化及综合利用，使矿区及天桥泉域水环境免遭污染。

4. 控制地表污水渗入地下，保护地下水水质

第四系、第三系孔隙含水层和石炭系裂隙含水层及奥陶系岩溶含水层都与大气降水联系密切，地表水体的水质将会直接影响地下水水质，因此控制地表污水渗入地下是保护地下水水质的最佳途径，只有这样才能达到对正兴矿区及天桥泉域水环境的保护，具体措施如下：

（1）对分布在矿区内的村民加强环保意识教育，使各家各户产生的生活垃圾、家畜粪便及其他废物都能得到妥善处置，用作农业生产的有机底肥。

（2）生活在矿区内的居民，不得将生活污废水直接外排，应将各家各户的小量废水排入各家各户的有机肥发酵坑，作为农家肥发酵的水源。

（3）加强管理，矿方不得排放生产生活污水，要对生产生活污水进行达标处理，提高污水回用率。必须确保污水处理站所有设施运行良好，在污水处理站发生故障的时候，要采取制定好的应急预案，确保污水不流入地表水或渗入地下含水层，从而达到有效保护矿区及天桥泉域水环境的目的。

5. 生活垃圾处理

正兴煤矿区内设置定点收集站，将收集的生活垃圾交由偏关县环卫部门一并处置，严禁生活垃圾遭受淋滤污染水环境。

11.9.2 矿井突水的防治措施

1. 建立防治水系统

（1）防水煤柱的留设。在煤矿区断裂构造发育地段，必须留设防水煤柱。防水煤柱的尺寸，应根据地质构造、水文地质条件、煤层赋存条件、围岩性质、开采方法以及岩层移动规律等因素确定。在其他该留设防水煤柱的地段，也必须留设。此外，对于各勘探时期的封闭不良钻孔应引起足够的重视，其防治对策是重新封堵或者按规定留设钻孔防水煤柱。只有这样，才能达到有效保护矿区及天桥泉域地下水资源的目的。

(2) 探放水工作。探放水是防止水害发生及保护水资源的重要方法之一，尽管其并不能将所有的水害威胁都探明，但必须坚持“有疑必探、先探后掘”的探水原则。探水前，必须编制探水计划，并采取防止瓦斯和其他有害气体危害等安全措施，探水眼的布置和超前距离，应根据水头高低、煤（岩）层厚度以及安全措施等在探放水设计中具体规定。在开采前，必须编制探放水设计，明确安全措施。

(3) 完善矿井排水设施。正兴矿井采用平硐开拓，正常涌水量 $60m^3/h$，最大涌水量 $80m^3/h$，井下排水采用自流方式，局部低洼地段应增设小扬尘排水泵或污水泵。井下巷道沿煤层布置，巷道中可能发生积水现象，在矿井生产期间应根据实际情况疏排巷道积水，确保井下巷道通畅。

(4) 预防大气降水成为充水水源。雨季来临前要检修地面防排水设施，做好地面塌陷坑、裂隙等填埋工作，随时踏勘地表是否有大量地裂缝存在，防止雨季大气降水成为矿井突水的充水水源，危害矿井安全。

(5) 注浆堵水。注浆堵水，就是利用注浆技术控制浆液压入地层空隙，使其扩张凝固硬化加固地层并堵截补给水源的通道。注浆堵水的工艺和所用设备比较简单，是防治矿坑突水行之有效的措施。

(6) 设置防水闸门。在必要的情况下要实行分区隔离，在井底车场周围及其危险地段设置防水闸门，预防突水而造成全井淹没。防水闸门的设施要齐全，灵活性必须可靠。

(7) 制定井下突水应急预案。正兴矿方组织水文地质和工程地质专业人员进行跟班探水研究，通过涌水水量及水质判定涌水来源及涌水通道，当发现矿井涌水来自采空区且涌水量有较明显增加时，矿井应立即停止生产，撤离井下所有工作人员，启动防突水应急预案。

2. 落实防治水工作

正兴煤矿要做好防治水和保护地下水资源工作，必须从思想上、制度上重视，认识到防治水和保护地下水资源的重要性，组建强有力的队伍，坚持“查明条件、查治结合、预防为主、疏截堵排、综合治理”的原则，不断总结经验，完善防治水和保护地下水资源措施，把工作落到实处，确保安全生产。

11.9.3 管理措施

1. 依法管理

贯彻煤水并重的方针，坚决贯彻《中华人民共和国矿产资源法》《中华人民共和国水法》《中华人民共和国环境保护法》等法规。在井工开采煤炭的同时，应考虑其对地下水资源的破坏和污染问题，使采煤对水环境的破坏得以控制。应遵循“全面规划、统一布局、合理开发、综合利用”的原则，尽量做到既要合理开发煤炭，又要保护地下水资源，实现水资源的可持续利用。

2. 加强矿区综合治理，改善生态环境

对正兴矿区内的岩溶深水井应加强监管，对开采区进行综合治理，加强土地复垦和水土保持工作，改善矿区的生态环境。

3. 做好矿区供水优化设计

加强对矿井排水和废水的综合利用，解决矿区水资源供需矛盾和控制矿区水污染的关键是提高矿区污水利用率和处理达标率。这就要求正兴矿方必须加强管理，监督落实本矿区的供水优化设计，做到按需分类供水，加强对矿井排水和废水的综合利用。

4. 建立地下水动态观测网

在正兴矿区煤炭开采部位及边缘，根据地下水分类、含水层特征及其相互水力联系对浅层孔隙水、裂隙水及深层岩溶水，选不同层位、不同深度的有代表性地段，定期观测其水位及水质的变化，以便进一步评价采煤对水环境的影响及其发展趋势，为指导煤炭开采和防治地下水污染及保护地下水资源提供科学依据。

11.10　结论与建议

11.10.1　结论

在分析矿区气象、水文、地质、水文地质及天桥泉域等资料的基础上，进行了正兴煤矿建设项目对水环境影响评价研究，主要结论如下：

（1）本矿工业场地布置对矿区及天桥泉域地表水环境变化影响小；煤矿开采造成矿区各支沟地表径流总量减小，造成地表水资源量减少；矿井排水造成支沟地表水下渗进入巷道形成矿井涌水，地表径流量减少；若不采取污水处理措施，建设项目排水对矿区及天桥泉域地表水环境将会造成影响；在采取污水处理措施的前提下，建设项目排水对矿区及天桥泉域地表水环境的影响小。

（2）正兴煤矿开采将会造成矿区及其影响范围内的孔隙含水层、裂隙含水层地下水资源量减少；矿区不在天桥泉域煤矿带压区，发生底板突水的可能性小，对岩溶含水层地下水资源影响小；煤矿开采有可能造成裂隙含水层及岩溶含水层地下水高硫酸根及高硬度污染，对天桥泉域的地下水环境有影响；在采取污水处理措施的前提下，对天桥泉域的地下水环境影响小。

（3）对于采用旱井水的村庄居民，矿井开采导致旱井集蓄的雨水越来越少；在导水裂隙带波及地表的地带，旱井因结构变形集蓄水能力大大降低，对居民生产生活用水产生较大的影响；对于采用岩溶深井水的居民，煤矿开采对居民生产生活用水影响小。

(4) 煤矸石用以回填采空区，对矿区及天桥泉域水环境没有影响；锅炉灰渣用于填埋低洼地平整场地、铺垫道路，在雨季降水和除尘洒水的不断淋滤下，可能造成矿区及天桥泉域水环境的污染；生活垃圾交由当地环卫部门一并处置，对矿区及天桥泉域水环境的影响小。

(5) 为保护地下水资源，确保矿区及天桥泉域水环境免遭破坏，应采取相应的保护措施、防治水措施及管理措施来对水环境进行保护，做到煤炭开采与地下水资源的可持续利用。

11.10.2 建议

正兴煤矿位于天桥泉域内，其水环境安全问题事关重大。因此，提出以下几点建议：

(1) 矿区地质环境管理必须坚持“谁开发谁保护，谁受益谁补偿，谁破坏谁恢复”的政策，保护地下水资源，保护矿产资源，保护土地资源等。

(2) 应强化煤矿区地下水监测工作，为保护矿区及天桥泉域水环境和针对性地制定保护地下水资源措施提供科学依据。

(3) 加强采煤过程中对地下水资源的保护，切实做到煤炭开采与地下水资源保护相结合，排水与供水相结合，既保证采矿事业的可持续发展，又使地下水资源得到可持续利用。

(4) 以人为本，开展水环境宣传教育活动，提高矿区内人们的水环境保护意识。

(5) 每年初要制定当年的防排水计划和措施，雨季前必须对防排水设施做全面检查。地表及边坡上的防排水设施，应避开有滑坡危险地段。排水沟应经常检查、清淤，防止渗漏、倒灌或漫流。当采场内有滑坡区时，应在滑坡区周围设截水沟。当水沟经过有变形、裂缝的边坡地段时，应采取防渗措施。

(6) 正兴煤矿改扩建工程在施工和运行过程中，应严格遵守相关法律、条例、规定和专家建议，严格执行水环境保护措施，并接受当地水行政主管部门的监督管理。

第12章　实例2：豁口煤矿矿山地质环境影响评估

12.1　概　　述

12.1.1　研究的必要性

大同煤矿集团临汾宏大豁口煤业有限公司（以下简称豁口煤矿）位于山西省临汾市尧都区西北部山区，隶属于大同煤矿集团。根据山西省煤矿企业兼并重组整合工作领导组办公室《关于临汾市尧都区煤矿企业兼并重组整合方案的批复》（晋煤重组办〔2009〕88号）文件精神，原临汾市尧都区地方国营豁口煤矿有限公司、山西临汾尧都丁家庄煤矿有限公司和山西一平垣核桃沟煤矿有限公司整合为大同煤矿集团临汾宏大豁口煤业有限公司，整合主体为大同煤矿集团有限公司。整合后矿区面积11.1312km^2，生产规模为60万t/a，批准开采2号、9号、10号及11号煤层。矿井服务年限18.6年，其中2号煤层服务年限0.4年，10（9+10）号煤层服务年限18.2年。随着矿区煤层开采深度的加深及采空区面积的逐渐增大，必将引发或加剧矿山地质环境问题。

为确保豁口煤矿煤炭资源可持续开发与矿山地质环境的协调发展，研究采煤产生的矿山地质环境问题是非常必要的。在分析豁口煤矿地形地貌、地质、水文地质、煤层开采等资料及现场踏勘的基础上，进行了矿山地质环境影响评估及防治对策等研究，以期为豁口煤矿矿山地质环境保护与治理恢复提供科学依据。

12.1.2　评估依据

1. 政策法规依据

（1）《地质灾害防治条例》（2003年11月24日，国务院令第394号）。

（2）《国务院关于全面整顿和规范矿产资源开发秩序的通知》（国发〔2005〕28号）。

（3）《矿山地质环境保护规定》（2009年3月2日，国土资源部令44号）。

（4）《国土资源部关于加强地质灾害危险性评估工作的通知》（国土资发〔2004〕69号）及附件1《地质灾害危险性评估技术要求》（试行）。

(5)《山西省地质灾害防治条例》(2000 年 9 月 27 日)。

(6)《关于进一步规范地质灾害危险性评估工作的通知》(晋国土资发〔2005〕61 号)。

2. 技术规范、标准依据

(1) DZ/T 223—2009《矿山地质环境保护与治理恢复方案编制规范》。

(2)《土地复垦技术标准》(试行)(〔1995〕国土[规]字第 103 号)。

(3) TD/T 1012—2000《土地开发整理项目规划设计规范》。

(4) DZ/T 0218—2006《滑坡防治工程勘查规范》。

(5) DZ/T 0221—2006《崩塌、滑坡、泥石流监测规范》。

(6) GB 2010—2007《土地利用现状分类》。

(7)《建筑物、水体、铁路及主要井巷煤柱留设与压煤开采规范》(2017 年 5 月)。

3. 其他依据

本次矿山地质环境评估还依据"豁口煤矿《采矿许可证》"《大同煤矿集团临汾宏大豁口煤业有限公司兼并重组整合矿井地质报告》《临汾市尧都区地方国营豁口煤矿矿区水文地质调查报告》《大同煤矿集团临汾宏大豁口煤业有限公司生产能力核定报告书》及《大同煤矿集团临汾宏大豁口煤业有限公司矿井开采设计说明书》等技术资料来进行。

12.1.3 技术路线

本次矿山地质环境影响评估研究所采用的技术路线是:充分收集利用已有的气象、水文和矿山地质、矿山水文地质、矿山工程地质、矿山开发初步设计、矿区内土地利用现状图以及其他相关资料等;进行现场踏勘,开展 1∶5000 比例尺矿山地质环境调查,对矿区及矿山开采活动影响范围进行矿山地质环境影响评估等。本项研究主要分三个阶段进行。

1. 准备阶段

充分收集、分析、整理矿区及周边地区已有相关资料。了解掌握矿区及周边地区的水文、气象、地形地貌、地质(地层、岩石、地质构造)、水文地质、工程地质、土地利用现状以及矿产分布特征、矿山开采方法、工作面布置等矿山生产技术资料,进行现场踏勘,编制工作大纲。

2. 野外调查阶段

调查煤矿区及周边地区的矿山地质环境条件以及人类工程活动对矿山地质环境的破坏和影响程度,查明矿区地质环境问题和地质灾害类型、发育程度、规模,分析和确定评估要素;进一步分析矿山建设及生产可能诱发、加剧的地质灾害和采矿本身可能遭受的地质灾害危害;调查和了解矿区地下水开发利用现状及含水层特征；了解矿山开采对矿区内地形地貌景观及土地资源的影响及破坏程度。

3. 室内分析研究阶段

综合分析和研究已有成果和实地调查资料，结合矿山开采方式，对豁口煤矿矿山地质环境影响进行方案适用5年期及矿山服务期的现状评估和预测评估，针对矿山地质环境问题进行保护与治理恢复分区，制定出保护与治理恢复措施等，得出结论与建议。

12.2 矿山基本情况

12.2.1 地理位置及交通

豁口煤矿位于吕梁山南部东麓，临汾盆地西缘，临汾市尧都区一平垣乡军地村南，距临汾市城区西北28km，接近与蒲县交界处，行政区划隶属于尧都区一平垣乡管辖。地理坐标为：东经111°20′26″～111°23′42″，北纬36°16′00″～36°18′17″。矿区东西最大长度4.8km，南北最大宽度4.2km，面积约11.1312km²。矿区范围由19个坐标点连线圈定。

临（汾）大（宁）公路干线于矿区内西南部通过，沿临大公路向东南约35km可达南同蒲铁路临汾煤焦发运站，至大运高速公路最近路口约27km，工业广场距临大公路0.5km，交通条件比较方便。

12.2.2 矿区及周围经济社会环境

临汾市尧都区境内矿产以煤为主，石膏、石灰岩、白云岩、建筑砂也是优势矿产，此外还有铁矿、多种金属、矿泉水、铝矾土、陶瓷黏土等。工业主要有煤炭、焦化、电力、机械、化工、建筑、针织、印刷、酿酒、化肥、造纸、乳品等。农作物有小麦、玉米、谷子、薯类等，经济作物有棉花、红枣、莲藕、蔬菜等。豁口煤矿区内共涉及9个村庄，人口较少，一般为8～30户，矿区范围内耕地面积约932亩。矿区内无自然保护区、古建筑及旅游景点。

12.2.3 矿山开采历史

豁口煤矿由原临汾市尧都区地方国营豁口煤矿有限公司、山西临汾尧都丁家庄煤矿有限公司和山西一平垣核桃沟煤矿有限公司整合而成。矿区内及周边煤炭开采历史久远，小煤窑分布较多。由于本区域2号、3号煤层埋藏较浅，出露比较广泛，所以矿区内外大多数矿井小煤窑都是开采2号、3号浅部煤层，这些煤层现已全部被小煤窑开采破坏殆尽。现将各矿山开采基本情况简述如下：

1. 临汾市尧都区地方国营豁口煤矿

该煤矿始建于1976年，1978年投产，批采9号、10号煤层，矿区面积为9.2929km^2，井田内9号、10号煤层基本合并为一层，该矿投产以来一直同时开采9号、10号煤层，现矿井生产能力为45万t/a。该矿采用斜井、立井混合开拓，采用长壁式综采放顶煤采煤法在矿区中北部开采9号、10号煤层，现已大部分采空，形成采空区面积约5.5284km^2。

2. 山西临汾尧都丁家庄煤矿

该煤矿始建于1971年，1973年投产，生产能力15万t/a，批采9～11号煤层，矿区面积为1.0565km^2，形成采空区面积约0.3810km^2。采用一对斜井开拓，井下采用长壁式综采放顶煤采煤法，现已被关闭。

3. 山西一平垣核桃沟煤矿

该煤矿建于1980年，1983年投产，生产能力9万t/a，开采2号煤层，矿区面积为0.9394km^2，形成采空区面积约0.3437km^2。采用斜井、立井混合开拓，井下采用长壁式采煤方法，使用煤电钻打眼爆破落煤，全部垮落法管理顶板。该矿已于2007年被关闭。

12.2.4 相邻矿山开采情况

兼并重组整合后，豁口煤矿区周边分布有两个煤矿，西部与山西尧都西山生胜宇祥煤业有限公司接壤；北部紧邻大同煤矿集团临汾宏大锦程煤业有限公司，东部和南部无相邻煤矿。现将矿区外相邻的煤矿情况简述如下：

1. 山西尧都西山生胜宇祥煤业有限公司

由山西临汾尧都生胜宇祥煤矿有限公司、山西临汾宝泽林煤业有限公司、山西临汾尧都郑家庄煤矿有限公司、山西临汾尧都一平垣什一林煤矿有限公司、山西临汾尧都土门七一煤矿有限公司、山西临汾尧都蟒王煤业有限公司整合而成，整合后矿区面积9.8448km^2，批采9～11号煤层，生产能力为90万t/a。采用一对斜井进行开拓，采煤方法为走向长壁式采煤。

2. 大同煤矿集团临汾宏大锦程煤业有限公司

由山西临汾尧都锦程煤业有限公司与山西临汾后沟煤矿有限公司整合而成，整合后井田面积为7.7868km^2，批采2号、9～11号煤层，生产能力为90万t/a。山西临汾尧都锦程煤业有限公司井田面积为3.5495km^2，批采2号、9～11号煤层，生产能力为45万t/a。山西临汾后沟煤矿有限公司始建于1984年，1985年投产，批采9～11号煤层，矿区面积为5.2488km^2，生产能力为30万t/a，开采10号煤层，采用斜井开拓，井下采用长壁式采煤方法，中央并列式通风。井下涌水量较小，正常为10m^3/d，为低瓦斯矿井。

12.2.5 矿山开发利用方案

1. 矿山建设规模与工程布局

工业场地选用原临汾市尧都区地方国营豁口煤矿现有的工业场地作为兼并重组后工业场地。现有工业场地内工业建筑、行政福利设施已初具规模，地势宽阔，道路畅通，与外界联系方便。工业场地位于尧都区一平垣乡军地村东侧，占地面积 0.1829km²，自然地面标高为 1130～1190m，最低为进场道路南侧的沟底，最高处是北部山顶。工业场地从北到南按台阶式和平坡式长方形布置，划分为三个区：生产区、风井区、行政生活区。

主斜井位于工业广场北部，地面标高为 1142.954m；副斜井位于工业广场西北部，地面标高为 1148.954m。

生产区布置在工业广场北侧，并以副斜井为主，在其周围设有机修车间、综采库等。主井工业场地内布置有主井井口房、主井空气加热室、空压机房、综采库、材料库、消防材料库、油脂室、清水池、泵房、锅炉房等。主井生产系统布置在主井工业场地东部，主要有筛分楼、皮带栈桥、储煤场等。副井工业场地布置有副井井口房、副井绞车房、高山水池、清水池、沉淀池、调节池、隔栅间、生活污水处理间、中水池、井下水处理站、副井空气加热室、坑木加工房等。矸石通过场内道路直接运输至工业广场南侧的沟谷中。

风井区位于主斜井工业广场的东侧，地面标高为 1129.954m，占地面积 0.005km²。主要布置回风立井井口、通风机房、风井值班室、风井变电所、灌浆站、安全出口。

行政办公区主要布置在工业广场南部，设有行政办公楼、单身公寓、餐厅、锅炉房等，设施已经能够满足生活需要。

爆破材料库设在主斜井工业场地西北侧，并与公路相接，满足矿井生产需要。

2. 矿产资源储量及服务年限

（1）工业资源储量。由于 11 号煤层可采范围不及矿区面积的 1/3，因此未进行储量计算，本次评估研究不涉及 11 号煤层。根据《大同煤矿集团临汾宏大豁口煤业有限公司兼并重组整合矿井地质报告》，整合后全矿区 2 号、10（9＋10）号煤层保有资源储量 3359.7 万 t，其中探明的经济基础储量 3183 万 t，控制的经济基础储量（122b）66 万 t，推断的资源储量（333）123 万 t。整合后全矿区 111b 级储量占保有资源/储量的 94.4％，111b＋122b 级储量占保有资源/储量的 96.4％。

（2）可采储量。根据矿区开拓布置，分别对矿区边界、采空区边界、大巷、井筒、工业广场、公路等留设了保安煤柱。矿井 2 号、10（9＋10）号永久煤柱损失 1117 万 t，工业广场和主要井巷煤柱 159.5 万 t，开采损失 517 万 t，设计可采储量 1566.2 万 t，其中 2 号煤层设计可采储量 32.3 万 t，10（9＋10）号煤层设计可采储量 1533.9 万 t。

（3）矿山设计生产能力及服务年限。本次矿井兼并重组整合后，依据山西省国土资源厅颁发的采矿许可证，该矿井设计生产能力确定为 60 万 t/a，矿井服务年限 18.6 年，其中 2 号煤层服务年限 0.4 年，10（9＋10）号煤层服务年限 18.2 年。

3. 矿山开采方式

矿井采用斜井、立井混合开拓方式，利用现有老场地的主斜井、副斜井、回风立井。矿区内主采的 2 号煤层平均厚度 0.96 m，属较稳定局部可采煤层，采用一次采全高综采采煤法，全部垮落法管理顶板；10（9＋10）号煤层平均厚度 6.61 m，属稳定全井田开采煤层，采用综采放顶煤采煤法，全部垮落法管理顶板。

根据矿区开拓布置，2 号煤层布置一个单翼采区，位于矿区中部，即原山西一平垣核桃沟煤矿矿界范围内；10（9＋10）号煤层划分双翼和单翼两个采区。以矿区西南侧土门乡煤矿附近走向近东西的正断层 F_1 为界，北部为一采区，包括 2 号煤层单翼采区和 10（9＋10）号煤层双翼采区，南部 10（9＋10）号煤层单翼采区为二采区。

根据《大同煤矿集团临汾宏大豁口煤业有限公司矿井开采设计》，首采一采区 2 号煤层，服务年限为 0.4 年；然后开采一采区 10（9＋10）号煤层已有工作面，后期在二采区布置两个 10（9＋10）号煤层综掘工作面，10（9＋10）号煤层系统服务总年限 18.2 年。一采区总服务年限约 13 年，二采区总服务年限约 5.2 年。

4. 矿山废弃物处置

（1）矸石堆放位置及规模。矸石场位于工业广场南部 570m 的山沟中，沟深 40m，占地面积 0.02km^2，堆放矸石量为 50 万 t，可容纳矿井约 10 年的矸石量。排矸场距离工业场地较近，周围无居民，地质条件良好。豁口煤矿目前每年排放矸石 2 万 t，主要为井下矸石，排出后由自卸式载重汽车运入矸石沟中。矸石场沟口砌筑拦渣坝，沟底砌排洪沟，矸石堆置方式为每 3m 为一层压实，并覆盖 0.5m 厚的黄土，沟满后及时覆盖 1.0m 厚的黄土压实复垦、种植花草树木。

（2）矿井水处理及利用。根据矿井开采设计说明书，矿井生产能力扩大为 60 万 t/a 后，矿井正常排水量为 592.0m^3/d，最大排水量为 1727.4m^3/d。主要污染物为悬浮的煤和岩石微粒，主要污染因子是 SS。在工业场地东南侧设一井下处理站，安装 3 台离心水泵，处理能力 120m^3/h。矿井水处理站经改造后，矿井水将全部回用于井下洒水和消防用水，不外排，回用于井下洒水的矿井水水质要达到《井下消防洒水水质标准》。

（3）生活污水处理及利用。工业场地设生活污水处理站一座，处理能力为240m³/d，可满足处理需要。处理后的污水部分送往协作单位作为生产用水，其余排放到场外自然沟中。回用的生活污水水质要达到《城镇杂用水水质标准》的要求，外排部分要达到《污水综合排放标准》一级标准的要求。

12.3 矿山地质环境条件

12.3.1 自然地理条件

1. 气象

豁口煤矿地处吕梁山南部山岳地带，四季分明，地形高差大，昼夜温差也大，蒸发量大于降水量，属大陆半干旱季风型气候。据临汾市尧都区气象站观测，年平均气温13℃，年最低日平均气温－15℃，年最高日平均气温30℃，1月最冷，平均最低气温－4.5℃，7月最热，平均最高气温26℃；境内多年平均降水量494.19mm。冬春季雨雪少，夏末秋初雨水较多，且多集中在7—9月。最大降水量799.9mm（1958年），最小降水量278.5mm（1965年），一日最大降水量104.4mm（1958年7月16日）；多年平均蒸发量1717.7mm，蒸发量为降水量的3.48倍，蒸发量最小1503.5mm，最大为1907.4mm；霜冻期从10月中上旬到次年4月上旬，最大冻土厚度84mm，最大积雪厚度30mm，无霜期180～200d，最大风速25.3m/s（1988年4月11日）。

2. 水文

豁口煤矿区位于黄河流域汾河水系和昕水河水系交汇处，分水岭位于矿区西部边界附近山梁，但大部为汾河水系。沟谷内无常年水流，地表流量小，仅在汛期有短期洪水流，最大洪水位1 m左右，其余时间基本干涸。大雨后洪水排泄迅速，大部向东南汇入汾河；西北边界附近沟谷洪水则向西汇入昕水河，然后流入黄河。

3. 土地利用现状与植被

豁口煤矿区面积约11.1312km²，矿区内土地以林地为主，草地分布面积也较大，而居民点及工矿用地、交通用地和水域分布面积较小，土地利用现状详述如下：林地762.44hm²，占井田面积的68.50%，其中有林地363.78hm²，灌木林地372.26hm²，其他林地26.40hm²；草地（其他草地）122.03hm²，占井田面积的10.96%；城乡建设用地70.27hm²，占井田面积的6.31%，其中农村宅基地38.38hm²，公路用地31.89hm²；采矿用地35.52hm²，占井田面积的3.19%；耕地（旱地）62.17hm²，占井田面积的5.59%；裸地54.76hm²，占井田面积的4.92%；河流水面5.90hm^2，占井田面积的0.53%。

矿区内主要植被有木本植物、草本植物、灌木等自然植物及人工林、经济林。主要树种有白皮松、油松、槐树、杨树、侧柏、椿树，灌木中虎榛子和沙棘数量较多，分布广。经济林木主要有苹果、梨、桃、柿子、枣、核桃等经济树种。

12.3.2 地形地貌

豁口煤矿区位于吕梁山南部，区内地形复杂，沟谷纵横，切割较为强烈，主要山势走向北西，北西—南东向的山梁使地形北东和南西两面较低，总地形为北西高南东低，最高点在原豁口矿区西北部山梁上，标高1430m，最低点在丁家庄矿区西南部沟谷，标高1015m，相对高差415m，属中山区地形，剥蚀—侵蚀型山岳地貌（图12.1～图12.4）。

图12.1 矿区工业广场地形地貌

图12.2 矿区剥蚀—侵蚀型山岳地貌

图12.3 矿区内梯田

图12.4 矿区内林地

矿区内沟谷较发育，较大的沟谷发育于矿区的东部，为近东西向展布，沟谷切割深度50～75m，宽25～80m，沟谷形态为U形，两侧坡度20°～30°，沟谷汇水面积约0.8km²。在矿区中部发育三条支沟：东沟、马峪沟和南沟，三条沟在下段家凹村处交汇，为树枝状分布。东沟展布方向近南北向，南沟展布方向近东西向，马峪沟展布方向为北西南东向。三条沟沟谷形态均为V形，深度一般为40～90m，沟底宽一般为5～20m。沟谷两侧山坡较陡，坡度可达20°～40°，沟谷纵向坡降较大，可达100‰～400‰，汇水面积约2.38km²。沟谷底部及底部两侧基岩出露，出露地层为第四系黄土覆盖，顶部为上更新统（Q_3^{eol}）风积的非自重湿陷性黄土，其岩性为褐黄色亚质黏土，中下部为中更新统（Q_2^{eol}）风积的非湿陷性黄土，其岩性为浅红色—棕红色亚黏土和砂质黏土，夹多层古土壤。矿区南部发育一V形支沟，当地称地下沟，沟谷切割深度60～120m，沟谷宽度5～25m，展布方向近南北向，汇水面积0.78km²。

12.3.3 地质条件

1. 地层岩性

区域内地层在地形切割强烈地带出露较好，出露和钻孔揭露的地层层序自下而上为：奥陶系中统上马家沟组（O_2s）及峰峰组（O_2f）；石炭系中统本溪组（C_2b）及上统太原组（C_3t）；二叠系下统山西组（P_1s）、下统下石盒子组（P_1x）及上统上石盒子组（P_2s）；新生界新近系上新统及第四系地层，多分布于山梁、沟谷及山坡。根据矿区内的地层出露及钻孔资料，将各时代地层由老到新分述如下：

（1）奥陶系中统（O_2）。

1）上马家沟组（O_2s）。该组矿区内未出露，据钻孔揭露，下段厚为16.0～58.0m，平均厚度37.0m，为深灰色，厚层状石灰岩。中段厚为84.0～132.0m，平均厚度108.0m，中段下部为中厚层状灰质白云岩，上部为深灰色石灰岩。上段厚为54.0～60.0m，平均厚度57.0m，下部为中厚层状白云质灰岩，中部为灰色角砾状石灰岩，上部为浅灰色，中厚层状白云岩。

2）峰峰组（O_2f）。该组矿区内未出露，据钻孔揭露，下段厚为71.10～102.87m，平均厚度89.99m，以泥质灰岩为主，夹石灰岩、白云质泥岩，含纤维状石膏层。上段厚为39.78～55.99m，平均厚度47.89m，上部为深灰色石灰岩，下部为厚层状石灰岩或白云岩。

（2）石炭系（C）。

1）中统本溪组（C_2b）。该组区内未出露，据钻孔揭露，该组地层与下伏奥陶系呈平行不整合接触，厚22.65～30.72m，平均厚度24.65m，为海陆交互相沉积，底部为厚层褐铁矿层，厚0～8m，局部与石灰岩共生，呈鸡窝状分布，上部覆盖铝土岩或铝土质泥岩，厚0～7m，再上为灰黑色厚层状灰岩，厚10～15.30m，全区稳定，顶部为深灰色泥岩，含黄铁矿结核。

2）上统太原组（C_3t）。该组是矿区内主要含煤地层之一，矿井开采对象即赋存于本组中，为海陆交互相沉积，主要由砂岩、含燧石生物碎屑灰岩、粉砂质泥岩、粉砂岩、泥岩和煤组成。K_1 砂岩底为本组底界，K_7砂岩底为本组顶界，主要岩性和岩石组合特征基本稳定，并具有 4 个灰岩标志层（K_2、K_3、K_4、K_6）和 2 个砂岩标志层（K_1、K_5），本组厚 78.90～98.00m，平均厚度 92.00m，划分为上、中、下段。

下段（C_3t^1）：K_1 砂岩底至 K_2 灰岩底，主要为黑色泥岩，赋存 9 号、10 号、11 号可采煤层，平均厚度 20m，井田内未出露。

中段（C_3t^2）：K_2 灰岩底至 K_4 灰岩顶，为灰岩间夹泥岩和 7 号、8 号不可采煤层，平均厚度 36m。

上段（C_3t^3）：K_4 灰岩顶至 K_7砂岩底，主要为灰黑色粉砂岩，含 5 号、6 号不可采煤层，平均厚度 36m。

（3）二叠系（P）。

1）下统山西组（P_1s）。本组主要为黄绿、灰白色的长石砂岩、灰色、黄绿色砂质泥岩、炭质泥岩夹黄铁矿结核及煤层、煤线等岩石交互出现的岩性组合，属内陆沼泽相沉积，K_7 砂岩底为本组底界，顶界到 K_8 砂岩底，厚 26.40～43.05m，平均厚度 31.26m。

2）下统下石盒子组（P_1x）。由黄绿色长石杂砂岩、长石石英杂砂岩、黄绿色砂质泥岩、灰色泥岩、紫红色砂质泥岩等各种岩石交互出现组成。下部夹含煤线，上部杂色（紫红、粉红、葡萄紫、黄绿）铝土质泥岩，具鲕状结构，俗称“桃花页岩”，中部有一层较厚的长石石英杂砂岩（K_9）把本组分为上下两段，本组以 K_8底为底界，上至 K_{10}底，厚 86.70～91.10m，平均厚度 88.00m，全组分上、下两段。

下段（P_1x^1）：K_8砂岩底至 K_9砂岩底，一般厚 51m 左右，主要由浅灰黄色厚层中粗粒石英砂岩或石英杂砂岩、粉砂岩及灰黑色泥岩组成，相变较大，砂岩粒度变化较大。

上段（P_1x^2）：K_9砂岩底至 K_{10}砂岩底，一般厚 37m 左右，由浅黄色、黄绿色中—细粒砂岩及紫色粉砂岩、泥岩组成，岩相变化较大，韵律层发育良好。K_9砂岩为粗、中、细粒，灰白色，成分以石英为主，长石次之，含云母片及暗色矿物，层理不发育，顶部有一层“桃花页岩”，野外眺望极为醒目。

3）上统上石盒子组（P_2s）。在矿区内，该地层上部大多被风化剥蚀，残留者多为该组下部地层，以黄绿色砂岩及紫色、黄绿色粉砂岩和泥岩为主，且大多数分布于山顶山梁上，出露最大厚度 80m。

（4）新近系上新统（N_2）。该地层厚 20～40m，不整合于各时代基岩之上，出露于沟谷中下部，岩性为棕红色、紫红色黏土夹钙质结核。由于该地层呈狭窄条状出露，地质图图面未反映该地层。

（5）第四系（Q）。该地层断续分布于矿区各处，为中上更新统黄土层，岩性一般为浅黄色亚砂土、砂质黏土和亚黏土，黄土层中多含钙质结核。厚 0～15m，多分布于山梁、山坡及沟谷。

2. 地质构造

豁口矿区受克城—南湾里复式向斜的控制，构造形态为一向斜，轴向近东西，向东倾伏，向斜的南翼发育次一级的背、向斜，地层总体走向北东，倾向南东，倾角 4°～12°，发现 1 条落差 10～24m 的断层，无岩浆岩侵入现象，构造属简单类型。矿区构造情况分述如下：

（1）褶曲。

1）S_1 向斜：为一宽缓向斜，轴向近 EW，轴部沿 ZK201 孔北—ZK101 孔南—ZK102 孔南方向横穿井田中部，井田内延伸长度 2800m 左右，两翼岩层不对称，北翼地层倾角 8°～12°，东翼地层倾角 6°～10°，向斜轴向东部倾伏。

2）S_2 背斜：为一宽缓背斜，位于井田西南部，由 ZK202 孔东北经核桃凹向南，沿 SWW 方向延伸，井田内延伸长度 1100m。该背斜两翼不对称，西北翼地层较缓，地层倾角 4°～5°，东南翼地层倾角 5°～6°，背斜轴向西南部倾伏。

（2）断层。F_1 断层是井田内地表出露的唯一较大正断层，走向近东西，在井田西南侧土门乡煤矿附近，见 K_3 灰岩断开，落差 10m 左右，在豁口煤矿井下巷道遇到该断层，落差 24m，倾向正北，倾角 50°～60°，下降盘煤层因断层牵引现象严重。

（3）陷落柱。据调查，开采煤层时牛王岭正断层未发现有导水现象。开采过程中仅发现 4 个小型陷落柱，目前已不淋水。

3. 新构造运动及地震

新构造运动在本区表现为地壳多次升降运动，其特点是活动性和间歇性交替进行，本区受燕山运动的影响，形成了汾渭地堑的雏形，盆地形态已有轮廓，地形起伏不平，在局部地段有雏形堆积，仍以侵蚀为主。第三纪上新世之后，汾渭及其两侧，连续不断地受到较近时期的新构造活动的影响，使本区进入频繁的、颠波动荡的以升降运动为主的构造运动新时期，从断陷盆地的地貌形态、松散堆积物的厚度以及汾河阶地的发育程度表明新构造运动在本区活动是强烈的。

临汾盆地断裂构造极为发育，控制性断层多为活动断层。并由它们的活动引发了许多强震，区域稳定性较差，属汾渭地震活动带。该区历史上地震发生频率高，强度大，震级高，破坏性强。发生破坏性地震的次数占整个山西地震带的 30%，而且破坏性地震 70%发生在盆地内。近几十年来，临汾盆地地震活动频繁，有感地震较多，甚至发生一些破坏性地震。历史资料记载：震级最高为8级，1695年发生过一次，1920—2003年共发生过9次震级为3～4级的地震。根据《建筑抗震设计规范》（GB 50011—2010）（2016年版）和国家质量技术监督局2001年2月2日发布的《中国地震动参数区划图》（GB 18306—2015）标准，本区地震基本裂度为Ⅷ度，地震动峰值加速度为0.20g，反应谱周期为0.35s。

12.3.4 水文地质条件

豁口矿区处于龙子祠泉域岩溶水系统的径流区，含水层水文地质特征主要受地层岩性、地质构造、地形地貌以及埋深条件控制，现将矿区内主要水文地质特征叙述如下：

1. 主要含水层

（1）第四系松散孔隙含水岩组。本区第四系零星分布，岩性为黄色粉土、亚黏土、砂砾石层。土层孔隙发育，透水性好，不易形成含水层。同时由于赋存部位高，一般透水而不含水。分布于沟谷中的砂砾含水层，一般厚1～3m，透水性好，富水性受季节影响较大，为弱含水层。

（2）二叠系上统及下统上、下石盒子组碎屑岩孔隙-裂隙含水岩组及其含水层。该含水岩组在矿区内广泛出露，岩层倾向多与地表水流方向一致，岩性主要为厚层砂岩夹泥岩，其中含水层主要为砂岩，主要由K_{10}、K_9、K_8及其他砂岩层组成。其中K_8砂岩为煤层顶板间接充水含水层，厚度一般为5～10m，为灰色中粒长石石英杂砂岩，浅埋藏地带，风化裂隙发育，富水性弱，易接受大气降水沿裂隙渗透补给。随埋深增加，风化裂隙减弱，富水性亦减弱。K_9砂岩位于2号煤层之上110m左右，富水性与K_8砂岩相似。因此，该含水岩组含水层为弱富水性的裂隙含水层，因岩层倾向多与地表水流方向一致，地表临沟出露，排泄条件好，富水性弱，对煤层影响很小。

（3）二叠系下统山西组碎屑岩裂隙含水岩组及其含水层。该含水岩组在矿区内沿露头临沟出露，含水层有“中间砂岩”和K_7砂岩。“中间砂岩”是2号煤层之上一层较稳定的灰白色中厚层中细粒含煤屑石英杂砂岩，砂岩之上有较厚的泥岩隔挡，地表水补给甚少，同时地层相对完整，垂向、侧向补给均不易，为弱含水层。K_7砂岩是位于2号煤层之下的含水层，为灰白色中粒含煤屑长石石英杂砂岩，孔隙式胶结，胶结物以黏土为主，裂隙不发育，距2号煤层约27m，中间为黏土质泥岩，含水层主要接受侧向补给，亦为弱含水层。

（4）石炭系太原组碎屑岩夹碳酸盐岩岩溶-裂隙含水岩组及其含水层。该含水岩组上段临沟有出露，含水层主要包括两层砂岩（K_1、K_5）和三层灰岩（K_2、K_3、K_4），是矿区内的主要含水层。岩性为石英砂岩和含生物碎屑灰岩。浅部较深部风化裂隙及岩溶发育，富水性较好或为透水层；深部裂隙岩溶不发育，接受大气降水及层间侧向补给。灰岩与砂岩层间均有2m至数米厚的泥岩隔水层，使它们均成独立的弱含水层。据区域钻孔抽水试验资料，单位涌水量为0.0094～0.133L/(s·m)，属富水性弱—中等的岩溶含水层。

(5) 奥陶系中统碳酸盐岩岩溶-裂隙含水岩组及其含水层。该含水岩组区内无出露，隐伏于石炭系地层之下，岩性主要由中厚层石灰岩、泥质白云岩、泥灰岩、膏溶角砾岩等组成，含水空间主要为溶洞，层间裂隙，垂直节理，由于岩溶发育不均一，属不均一含水层，接受层间侧向补给，一般富水性强。距井田西南约7km的209孔，单位涌水量为0.0649～1.015L/(s·m)，水位标高为618.94m，推测本井田约625.5m，而井田范围内10（9+10）号煤层底板的最低标高为940m，高于奥陶系灰岩水位约324 m，对煤层开采无影响。

2. 隔水层

石炭系、二叠系各砂岩、灰岩含水层之间，均分布有致密的砂质泥岩、泥岩，厚度不等，一般均具有良好的隔水性能，在无断裂贯通的情况下，各含水层不会发生水力联系。

2号煤层与K_2灰岩之间的隔水层，由致密的粉砂岩、泥岩组成，一般厚80 m左右，具有良好的隔水性能，在无断裂贯通的情况下，2号煤层不会与K_2含水层发生水力联系。

10（9+10）号煤层底板至奥陶系中统灰岩含水层之间，主要由具可塑性含铝土质泥岩、粉砂岩组成，厚度35m，各层砂岩间均有泥质岩分布，一般2～8m不等，可起到良好的隔水作用，是井田重要的隔水层。

上述隔水层的存在，使各含水层处于相对独立的子系统。

3. 地下水的补径排条件

矿区内河谷的第四系孔隙水主要接受大气降水补给和地表河水补给，向矿区内河谷下游径流排泄，由于其下伏二叠系地层是相对隔水层，其在个别地段会有下渗越流补给碎屑岩类含水层，若有断裂构造会与碎屑岩类含水层发生直接水力联系。

矿区内碎屑岩类含水层主要接受大气降水补给和地表河水补给，以层间径流的方式径流排泄或下渗排泄进开采2号煤层的采掘巷道和采空区，地表以泉或水井的形式排泄。

矿区内上石炭统岩溶裂隙含水层主要接受上游的侧向径流补给，以层间径流的方式径流排泄或下渗排泄进10（9+10）号煤层巷道和采空区，由于其与上覆的碎屑岩类含水层相当厚度的泥质岩层阻隔，相互间水力联系差，仅在构造部位、陷落柱或浅部才可能与其他含水层发生直接水力联系，而接受碎屑岩类含水层的补给，通过矿井排水排泄。

矿区范围处于奥陶系灰岩地下水的径流区，奥陶系碳酸盐岩溶裂隙水主要接受上游的侧向径流补给，自北向南径流经过矿区，继续向南东方向径流，至龙子祠泉所在处向外排泄。

4. 矿井充水条件

（1）矿区水文地质类型划分。本矿井开采的10（9+10）号煤层，其煤层底板标高在900m以上，奥陶系灰岩岩溶水在距矿区西南约7km的209孔的水位标高为618.94m，推测矿区内奥陶系岩溶水水位标高约为625.5m，煤层底板高于岩溶水水位标高，所以矿井开采不受岩溶水水位的影响，不存在带压开采。矿井水的来源主要为季节性大气降水，直接充水含水层为K_2灰岩，富水性弱。矿井涌水量192～480m^3/d，开采10（9+10）号煤层有大面积采空区和小窑破坏区，且存在积水，矿区内及周边采（古）空区也存在大量积水，各种因素使水文地质条件复杂化。所以，确定水文地质类型为中等。

（2）充水条件。矿区主要可采煤层以顶部砂岩、灰岩充水为主，其次为开采过程中产生的顶板导水裂隙带使得局部地带与风化裂隙带甚至地表水发生水力联系，补给砂岩、灰岩含水层而进入巷道。尽管这些含水层含水性较弱，也会使巷道内水量增大，对10（9+10）号煤层开采存在一定的影响。奥陶灰岩岩溶水标高约625.5m，而本矿区10（9+10）号煤层标高在900m以上，所以奥陶系岩溶水对本矿井开采不会造成威胁。

开采中遇到断层时，可以受断层影响而使涌水量增大。位于矿区南部的F_1正断层两侧，基岩裂隙比较发育，巷道中平时有轻微渗水现象，雨季较为严重，是矿井导水的重要因素。矿区内煤矿开采较多，老窑积水将是矿井开采时主要的充水来源之一。另外，矿区四周尚有多个煤矿在生产，而且基本上都以开采下组煤为主，因开采已经形成一定范围的采空区，同时会汇集一定的采空积水，位于岩层倾向上方的采空积水对本矿区的危害最大，一旦采通，对本矿井的影响很大，应引起足够重视。

（3）矿井涌水量。根据调查，原国营豁口煤矿在10（9+10）号煤层中掘进，生产能力为45万t/a，矿井涌水量在旱季为192m^3/d，雨季为480m^3/d。整合后矿井生产能力为60万t/a，矿井正常涌水量为255m^3/d，最大涌水量为638m^3/d，该涌水量未考虑采空区积水的影响。

12.3.5 工程地质条件

1. 岩土体工程地质特征

（1）软硬相间互为夹层状砂岩、砂页岩、页岩类。主要由二叠系下石盒子组互层状砂岩、砂质泥岩、泥页岩组成，厚50～100m。其中砂岩属坚硬岩类，强度较大，抗风化能力较强，单轴抗压强度一般40～130MPa，抗剪强度10～35MPa，软化系数大于0.75，工程地质条件良好；砂质泥岩、泥页岩强度低，属软弱岩类，易风化，遇水易软化，单轴抗压强度一般15～45MPa，抗剪强度小于10MPa，软化系数0.2～0.5，工程地质条件较差。

(2) 层状夹薄层状坚硬夹软弱砂岩、灰岩、泥页岩、煤类。由石炭系上统太原组、山西组灰岩、砂岩、泥页岩和10号煤层或煤线组成。其中砂岩、灰岩岩石强度较高，抗风化能力较强，一般不易破坏，属坚硬、较坚硬岩类，单轴抗压强度一般40～200MPa，抗剪强度15～40MPa，软化系数大于0.75，工程地质条件良好；砂质泥岩、泥页岩强度低，易风化，遇水易软化，属软弱岩类，单轴抗压强度一般15～45MPa，抗剪强度小于10MPa，软化系数0.2～0.5，工程地质条件较差。

(3) 湿陷性黄土、黄土类土（Q_{2+3}）。分布于评价区山梁及山坡，岩性为褐黄色—棕红色亚黏土和砂质黏土，夹多层古土壤，天然含水量6.6%～22.4%，饱和度46.2%～94.0%，孔隙比0.648～1.041，压缩系数0.005～0.015，湿陷系数0.109，自重湿陷系数0.017，承载力特征值在100～200kPa，内摩擦角25°～55°，黏聚力10～20kPa，湿陷量一般在240～260mm，具湿陷性，湿陷等级为Ⅱ级，质均，垂直节理发育，在极端降水条件下易发生崩塌。

2. 主要可采煤层顶底板工程地质特征

据乔家湾勘探区ZK202孔岩石力学试验测试结果，各煤层顶底板工程地质特征如下：

2号煤层顶板为粉砂岩、泥岩，灰黑色，性脆，胶结较好。单轴抗压强度36.7～51.4MPa；单轴抗拉强度1.08～2.4MPa，平均1.34～1.98MPa；抗剪强度2.69～7.91MPa，平均3.85～6.15MPa。据调查，顶板为中等冒落，较好管理，隔水性能好。

2号煤层底板为泥岩、粉砂岩，灰黑色、块状，性脆。单轴抗压强度13.2～58.1MPa，平均36.7～51.4MPa；单轴抗拉强度1.08～2.44MPa，平均1.34～1.98MPa；抗剪强度2.69～7.91MPa，平均3.85～6.15MPa。遇水易泥化，在一定条件下（顶面来压），易发生底鼓现象，但隔水性能好。

10（9+10）号煤层直接顶和老顶为K_2灰岩，厚9.10～12.10m，深灰色—灰色，中厚层状，质坚硬，性脆，含燧石结核，为Ⅳ类顶板。单轴抗压强度48.2～71.0MPa，平均62.5MPa；单轴抗拉强度3.57～4.99MPa，平均4.24MPa；抗剪强度5.44～10.28MPa，平均8.30MPa；伪顶为0～0.20m的炭质泥岩。顶板易管理，北部常被溶蚀，形成溶隙、溶洞，成为渗水和涌水道。开采时易冒落，给顶板管理带来一定困难。

10（9+10）号煤层底板多为粉砂岩、泥岩，灰黑色，致密，性脆，厚度一般为0.60 m。粉砂岩单轴抗压强度50.9～71.6MPa，平均58.2MPa；单轴抗拉强度2.55～3.26MPa，平均2.89MPa；抗剪强度7.12～10.20MPa，平均

9.09MPa。底板遇水易软化，但隔水性好，易管理。

主要可采煤层顶底板岩性，除 10（9＋10）号煤层顶板为 K_2 灰岩外，一般以粉砂岩、泥岩为主。顶底板岩石厚度变化较大，一般为 1～7m。

综上所述，该矿区煤层顶底板围岩均呈连续层状构造，一般较完整，矿区地质构造简单，岩溶陷落柱不发育，地下水活动较弱。因此，豁口矿区为一工程地质条件简单的层状矿床。

12.3.6 煤层地质特征

1. 含煤性

豁口矿区内含煤地层总厚 123.26m，含煤 11 层，煤层总厚 11.74m，含煤系数 9.52%。其中山西组厚 31.26m，含煤 3 层即 1 号、2 号、3 号煤层，煤层总厚 2.41m，含煤系数 7.71%；太原组厚 92.00m，含煤 8 层即 5 号、6 号、7 号、$7_{下}$号、8 号、9 号、10（9＋10）号、11 号煤层，煤层总厚 9.33m，含煤系数 10.14%。全矿区共含可采煤层 3 层，即山西组 2 号、3 号煤层和太原组 10（9＋10）号煤层。

2. 可采煤层

豁口矿区内可采煤层为 2 号、3 号和 9 号、10 号、11 号，其中 9 号煤层大部地段与下部 10 号煤层合并为一层，即 10（9＋10）号煤层，可采煤层情况详见表 12.1。

（1）2 号煤层。为局部可采煤层，顶板为泥岩，局部相变为粉砂岩，底板为泥岩，局部为炭质泥岩或砂质泥岩，位于山西组中部，煤层厚 0～1.60m，平均 0.96m，属较稳定局部可采煤层，不含夹矸，矿区内该煤层除原山西一平垣核桃沟煤矿开采，剩余一部分储量外，其余地段已被小煤窑开采破坏。根据地质报告提供的钻孔资料，矿区内剩余 2 号煤层厚度 1.4～1.6m，平均 1.5m。

（2）3 号煤层。该煤层位于山西组下部，上距 2 号煤层 6.80m 左右，为山西组主要可采煤层，煤层厚 0.86～1.19m，平均 1.01m，夹矸 0～1 层，顶板即为 2 号煤层之底板泥岩，底板亦为泥岩。该煤层厚度变化不大，结构简单，属稳定可采煤层。矿区内已全部被小煤窑开采破坏。

（3）10（9＋10）号煤层。该煤层位于太原组下段 K_2 灰岩之下，矿区内 9 号与 10 号煤层除在矿区西部 ZK201 孔和中部 ZK102 孔及 ZK103 孔间距增大为 0.74～1.23m 趋于分叉外，其余地段间距均在 0.70m 以下，均处于合并状态。10（9＋10）号煤层厚度 4.45～6.70m，平均 6.61m。含 2～3 层夹矸，结构较简单。煤层顶板为 K_2 灰岩，底板为泥岩。属稳定全井田可采煤层。

（4）11 号煤层。该煤层在矿区可采范围不及矿区面积的 1/3，因此本次矿山地质环境影响评估不考虑 11 号煤层。

表 12.1　　可 采 煤 层 情 况

<table>
<tr><th rowspan="2">时代</th><th rowspan="2">煤层编号</th><th>煤层厚度/m</th><th>煤层间距/m</th><th>煤层结构（夹石）</th><th colspan="2">顶底板岩性</th><th rowspan="2">可采性</th><th rowspan="2">稳定性</th></tr>
<tr><th>最小～最大
平均</th><th>最小～最大
平均</th><th></th><th>顶板</th><th>底板</th></tr>
<tr><td rowspan="2">山西组</td><td>2</td><td>0～1.60
0.96</td><td rowspan="2">4.60～8.20
6.80</td><td>简单（0）</td><td>泥岩</td><td>泥岩</td><td>局部可采</td><td>较稳定</td></tr>
<tr><td>3</td><td>0.86～1.19
1.01</td><td>简单（0～1）</td><td>泥岩</td><td>泥岩</td><td>全井田可采</td><td>稳定</td></tr>
<tr><td>太原组</td><td>10(9+10)</td><td>4.45～6.70
6.61</td><td>69.20～87.95
77.81</td><td>较简单（2～3）</td><td>灰岩泥岩</td><td>泥岩</td><td>全井田可采</td><td>稳定</td></tr>
</table>

12.3.7　矿山及周边其他人类工程活动情况

豁口矿区内目前无铁路、国家级公路、省级公路及水库等重要建筑物。全矿区分布有9个村庄，农业耕作对矿区地质环境影响较小。除采矿外，无其他对地质环境造成破坏的人类工程活动。

12.4　评估范围及级别

12.4.1　评估范围

根据《矿山地质环境保护与恢复治理方案编制规范》，矿山地质环境影响评估范围应根据矿山地质环境调查确定，矿山地质环境调查的范围应包括采矿登记范围和采矿活动可能影响到的范围。就豁口煤矿而言，矿区西部与山西尧都西山生胜宇祥煤业有限公司接壤；北部紧邻大同煤矿集团临汾宏大锦程煤业有限公司；东部和南部无相邻煤矿。根据开采后地面塌陷和含水层影响范围，确定东部和南部矿界外延100m作为评估边界，西部、北部以矿界作为评估边界，由此确定豁口煤矿矿山地质环境影响评估面积为11.7642km^2。

12.4.2　评估级别

豁口煤矿矿山地质环境影响评估级别是根据评估区重要程度、矿山生产建设规模及矿山地质环境条件复杂程度进行综合确定，具体要求以《矿山地质环境保护与恢复治理方案编制规范》附录A、附录B、附录C、附录D为准。

1. 矿山地质环境条件复杂程度

（1）水文地质条件。豁口矿区内主要可采煤层为山西组中部2号煤层和太原组下段10（9+10）号煤层，处于中—深埋区，2号煤层顶板粉砂岩、泥岩为直接充水含水层，含水层埋藏深，地下水补给条件差，富水性弱；10（9+10）号煤层顶板 K_2 灰岩为直接充水含水层，富水性弱—中等；矿区内煤矿开采较多，老窑积水将是矿井开采时主要的充水来源之一。另外，矿区四周煤矿开采下组煤形成一定范围的采空区，会汇集一定的采空积水，对本矿井造成威胁。全矿井正常涌水量 255m^3/h（6120m^3/d），地下采煤和疏干排水较容易造成矿区周围主要充水含水层破坏，水文地质条件中等。

（2）工程地质条件。豁口矿区煤系地层主要为碎屑岩及碎屑岩夹碳酸盐岩沉积，碎屑岩岩体以薄—厚连续层状结构为主，无蚀变作用、岩溶裂隙不发育，煤系地层夹有砂岩、泥岩、粉砂岩、炭质泥岩夹黄铁矿结核，煤层顶底板围岩岩石风化程度弱，主要可采煤层顶底板岩性，除 10（9+10）号煤层顶板为 K_2 灰岩外，一般以粉砂岩、泥岩为主。灰岩为较稳定—极稳定顶板，砂岩类为较稳定顶底板，泥岩类为不稳定—较稳定顶底板，工程地质条件简单。

（3）地质构造。豁口井田受克城—南湾里复式向斜的控制，构造形态为一向斜，轴向近东西，向东倾伏，向斜的南翼发育次一级的背斜，地层总体走向北东，倾向南东，倾角 4°～12°，发现 1 条落差 10～24m 的断层，无岩浆岩侵入现象，地质构造条件简单。

（4）现状地质环境问题。原地方国营豁口煤矿为一座有 30 多年开采历史的老矿，煤矿目前在井田北部、东部及南部已形成大面积采空区，面积约 625.31hm^2，采空区面积和空间较大，重复开采较少，采动影响强烈，现状条件下存在地裂缝、地面塌陷、地下水位下降、土地破坏等地质环境问题。现状条件下矿山地质环境问题的类型较多、危害较大，地质环境问题复杂。

（5）地形地貌。评估区属中山区地形，剥蚀—侵蚀型山岳地貌，区内地形复杂，沟谷纵横，切割较为强烈，主要山势走向北西，北西—南东向的山梁使地形北东和南西两面较低，总地形为北西高南东低，最高点在豁口井田西北部山梁上，标高 1430m，最低点在丁家庄井田西南部沟谷，标高 1015m，相对高差 415m，地形地貌条件中等。

综上所述，对照《矿山地质环境保护与恢复治理方案编制规范》附录 C 表 C.1，判定豁口煤矿矿山地质环境条件复杂程度为“复杂”。

2. 矿山建设规模

豁口煤矿开采属于井工开采，兼并重组整合后矿山设计生产能力为 60 万 t/a。根据《矿山地质环境保护与恢复治理方案编制规范》附录 D 表 D，确定该矿山生产建设规模为“中型”。

3. 评估区重要性

评估区范围有 7 个村庄，人口均较少，一般为 8～30 户；矿区范围内西南部有临大公路干线通过，无铁路、高速公路、重要建筑设施和重要水源地分布；

矿区远离各级自然保护区及旅游景区（点）；采矿活动主要破坏耕地、林地和草地。对照《矿山地质环境保护与恢复治理方案编制规范》附录B表B，矿区重要程度属“重要区”。

4. 评估精度分级确定

豁口矿山地质环境条件复杂程度属于“复杂”，矿山生产建设规模为“中型”，矿区重要程度属“重要区”，对照《矿山地质环境保护与恢复治理方案编制规范》附录A表A，确定豁口煤矿矿山地质环境影响评估精度分级为“一级”。

12.5 矿山地质环境影响现状评估

12.5.1 地质灾害现状评估

豁口煤矿位于吕梁山南部，属中山区地形，地貌类型为剥蚀—侵蚀型山岳地貌，自然条件梁高、谷低，沟谷相对高差50～120m，沟谷两侧边坡高度一般小于100m，大部分坡度在20°～40°。矿区地表大部分被第四系中、上更新统黄土覆盖，仅在沟谷下部出露有二叠系碎屑岩，由于沟谷两侧大部分坡度小于40°，第四系黄土沟坡基本处于稳定状态。现状条件下，自然崩塌、滑坡地质灾害不发育。

矿区内现状条件下地质灾害主要为采煤引发的地裂缝及地面塌陷。煤矿目前在北部、东部及南部已形成大面积采空区，累计采空面积625.31hm²。由于该矿综采工作面大，采动后地表变形较严重，采空区地面产生大量的地裂缝及地面塌陷，附近村庄民房受采空区地表变形影响，也不同程度出现墙体、地面、屋顶的裂缝和变形，在矿区采煤影响范围内严重影响了村庄、居民聚居区的正常生活，现状因矿山地质灾害造成的直接经济损失大于500万元，受威胁人数大于100人，对照《矿山地质环境保护与恢复治理方案编制规范》附录E，现状矿山地质灾害影响程度为“严重”。

1. 地裂缝及地面塌陷的发育

豁口煤矿为兼并重组整合矿山。资源整合前，在原临汾市尧都区地方国营豁口煤矿、山西临汾尧都丁家庄煤矿有限公司和山西一平垣核桃沟煤矿有限公司矿区范围内均进行过采矿活动，已形成大面积的采空区，各矿采空区面积分别为552.84hm²、38.10hm²及34.37hm²。采空区统计见表12.2。

本次野外调查对豁口矿区所有采掘工作面地裂缝进行了较为系统的调查和了解，根据现场勘察，在回采时间较长的地段，发育于林地间的地裂缝受植被的遮盖，耕地间的地裂缝大部分在当地村民耕种过程中已填埋，难以发现。本次野外调查对部分采掘工作面保留的明显地裂缝及地面塌陷进行了复核调查。

根据本次工作实地调查、访问及矿方提供的有关资料，矿区地裂缝调查统计结果见表12.3。

表12.2　采空区调查统计

矿　区	形成时间	面积/hm^2
原临汾市尧都区地方国营豁口煤矿	1977—1981	383.90
	1982—1988	28.83
	1989—2002	112.92
	2003—2004	5.32
	2006	4.29
	2007（5—11月）	2.91
	2008	5.77
	2009	4.67
	2010	4.73
	总计	553.34
原山西临汾尧都丁家庄煤矿	1995—2000	24.21
	2000—2004	10.93
	2006	2.96
	总计	38.10
原山西一平垣核桃沟煤矿	1985—2004	18.04
	2005—2006	16.33
	总计	34.37

表12.3　豁口矿区地裂缝调查统计

编号	规模			稳定性及发展趋势	地层岩性	发生时间/(年．月)	成因类型	危　害
	面积/m^2	长度/m	宽度/m					
DL1	18	35	0.15～0.25	趋减弱	Q_{2+3}	1981.5	采空	受损房屋84间，经济损失20万元
DL2	27	100	0.2～0.3	趋减弱	Q_{2+3}	1992.5	采空	受损房屋160间，经济损失35万元
DL3	60	200	0.28～0.35	趋减弱	Q_{2+3}	1997.4	采空	受损林地35亩，经济损失2.8万元
DL4	150	80	0.1～0.34	稳定性差、活动期	P_1x	2011.3	采空	受损耕地0.3亩，直接经济损失0.1万元
DL5	150	250	0.35～0.4	稳定性差、活动期	P_1x	2011.3	采空	

2. 地裂缝、地面塌陷对村庄房屋的影响

豁口矿区内村庄分布较多，煤层采动后，距回采工作面较近的村民房屋均不同程度地出现裂缝，据本次调查访问，矿区内至今发生房屋变形裂缝的村庄主要有军地村、下段家凹村（地面裂缝、房屋裂缝现象见图12.5和图12.6）。圪垛村位于2602工作面以西，2602工作面于2007—2010年回采。为了彻底治理该村因采煤引发的地质灾害，同时合理开采村庄压占煤炭资源，该村已进行了整体搬迁。

图12.5　下段家凹村房屋裂缝

图12.6　地裂缝DL4

据调查和访问，豁口矿区内5条地裂缝的分布及对村庄房屋的影响如下：

（1）DL1：位于矿区的南界军地村附近，单缝长度为100m，平均宽度约20cm，受损房屋84间，直接经济损失20万元。

（2）DL2：下段家凹村位于2602工作面以东，该处发育的地裂缝单缝长度约100m，平均宽度约25m，受损房屋160间，直接经济损失35万元。

（3）DL3：位于矿区的西南部矿界附近，单缝长度为250m，平均宽度约30cm，受损林地35亩，直接经济损失2.8万元。

（4）DL4：位于原马峪煤矿矿部对面山坡的林间小道上。其走向为155°～335°，倾向65°，倾角近直立。裂缝宽度10～34cm，目前能见到长度约80m，深3～4m。目前处于活动期。

（5）DL5：位于原马峪煤矿矿部对面山坡的林间小道上，DL1南侧约10m处。其走向为155°～335°，倾向65°，倾角近直立。裂缝宽度35～40cm，垂直落差40～80cm，水平位移为40cm。目前正处在活动期。

调查结果表明，受采煤塌陷地表变形的影响，矿区采煤影响范围内的村庄居民房屋不同程度发生了变形及裂缝，由于居民房屋均分布于山梁、梁峁顶部附近，房屋裂缝以拉张变形为主，裂缝特征如下：

（1）裂缝程度与采空区距离有关，随着距离的增加，裂缝程度逐渐减轻，其他条件相同情况下，旧房裂缝程度强于新房。

（2）裂缝多位于房顶、窗户上下、前后墙与侧墙结合部位、后墙以及房顶前檐等应力集中部位。

（3）屋内地面一般呈不规则网状裂缝。

（4）房顶裂缝既有顺顶裂缝，也有斜交顺顶裂缝；窗户下方裂缝一般呈垂直楔形裂缝，裂缝上宽下窄；窗户上方裂缝多呈倒八字裂缝，上宽下窄；后墙裂缝既有垂直裂缝，也有约45°右下倾裂缝，裂缝上宽下窄；前后墙与侧墙结合部位裂缝多为张性拉裂；窑顶前檐裂缝多为窑顶顺顶裂缝的通缝。

（5）部分老窑裂缝伴随有墙皮脱落现象。

3. 崩塌、滑坡

豁口矿区内地表多被黄土覆盖，地形切割较强烈，沟谷发育，本身就具备了发生崩塌、滑坡的地形地貌及地质条件。本次调查在工业广场西侧沟谷上部发现一处不稳定斜坡 X_1，发育经历时间长久，呈台阶状。由于坡体地表相对平缓，构成了较好的缓坡耕地。自然滑坡体既有土体也有岩体，规模较小。坡体宽度约45m、厚度10～30m，前、后缘长度20～30m，坡体位于沟谷上部的多期古滑坡群上，可能形成于沟谷下切时期。目前处于相对稳定状态，只有部分坡体在坡脚遭到挖方或大气降水等作用下，可能复活发生崩塌、滑动。特别是在陡峭临空面，垂直节理尤为明显，降水会增大岩土体的含水率，降低抗剪强度、增加岩土体重量，极易产生零星状的小规模岩块崩落，体积从几方至几百方不等。该坡体前缘为工业广场净化水房和供水站，对矿区用水及管路等配套设施造成威胁（图12.7、图12.8）。

图12.7　X_1 不稳定斜坡远景

图12.8　X_1 不稳定斜坡近景

12.5.2　采煤对含水层的影响与破坏现状评估

评估区地表多分布第四系中上更新统黄土，该土层垂直节理发育，透水而不含水。煤系上、下段含水层富水性均较弱，碎屑岩类含水层补给条件差，但采煤过程中产生的导水裂隙带影响和破坏了采空区及周围碎屑岩类孔隙裂隙水，使巷道内涌水量增大，主要对10（9+10）号煤层开采存在一定的影响，矿井最大涌水量为638m^3/d。据调查访问，评估区内工业广场、军地村、中角村、南凹村、虎狼沟村用水为工业广场内一口250m深太原组岩溶裂隙水井，通过管道输送；核桃凹村、下段家凹村用水为第四系松散岩类孔隙水井。现状煤矿开采条件下，第四系松散岩类孔隙水及二叠系砂岩裂隙水、太原组岩溶裂隙水受到采动疏干，矿区采动影响范围内水井出现水位下降，影响矿区及周围村庄部分生产生活供水。

对照《矿山地质环境保护与恢复治理方案编制规范》附录E，现状条件下，豁口矿山含水层破坏影响程度为“严重”。

12.5.3 矿山地形地貌景观现状评估

豁口煤矿位于吕梁山南部东麓，地表大部分为第四系中上更新统黄土，岩性一般为浅黄色亚砂土、砂质黏土和亚黏土，厚度0～15 m，多分布于山梁、山坡、及沟谷。区内地形复杂，沟谷发育，切割较为强烈，地表植被覆盖良好。

豁口煤矿为地下开采，目前采空区面积已达625.31hm^2，矿区回采范围内地表出现裂缝、塌陷，造成地质体断裂、变形。另外沟谷中煤矸石的堆放、工业场地整平、道路修建等矿区工程活动在局部改变矿区原有地形特征（图12.9～图12.12）。

图12.9 废弃工业场地

图12.10 已封闭井口

总体来看，豁口矿区内采矿对原生的地形地貌景观影响和破坏程度较大，对照《矿山地质环境保护与恢复治理方案编制规范》附录E，现状条件下，豁口煤矿矿山地形地貌景观影响程度为“较严重”。

12.5.4 矿区土地资源破坏现状评估

评估区范围包括7个行政村，现状条件下，评估区内土地利用类型主要可

图 12.11 矸石堆放

图 12.12 进场公路建设

分为旱地、林地、草地、城乡建设用地、采矿用地、河流水面、裸地等。本矿为地下开采，对土地资源的影响主要表现在工业场地、矸石场对土地资源的占用。整合后工业场地和废弃工业场地共占用土地资源 22.01hm^2；3 个矸石场共占用土地资源 2.11hm^2；采空塌陷共破坏土地资源 625.31hm^2。另外，已搬迁的圪垛村占压土地资源 2.34hm^2。现状条件下，矿山占用、破坏土地共 651.77hm^2，具体统计见表 12.4。

表 12.4　　现状条件下矿山占用、破坏土地统计表

原矿区	项目	占压破坏土地类型及面积/hm^2							合计
		有林地	灌木林地	旱地	其他草地	农村宅基地	裸地	其他林地	
豁口	工业场地	12.18			6.11				18.29
	矸石场				1.69				1.69
	采空塌陷	166.76	250.50	22.51	49.38	13.29	24.00	26.40	552.84
	圪垛村				1.40		0.94		2.34
丁家庄	工业场地				1.68				1.68
	矸石场				0.33				0.33
	采空塌陷	7.23	15.66	3.91	11.30				38.10
核桃沟	工业场地	2.04							2.04
	矸石场	0.09							0.09
	采空塌陷	8.35	22.78				3.24		34.37
合计		196.65	288.94	26.42	71.89	13.29	28.18	26.40	651.77

对照《矿山地质环境保护与恢复治理方案编制规范》附录 E，现状条件下，豁口煤矿采矿活动对土地资源影响程度为“严重”。

12.5.5 现状评估结果

综合豁口煤矿开采对地质灾害、含水层破坏、地形地貌景观破坏及土地资源破坏的现状评估分析，评估区范围内矿山地质环境现状影响程度评估结果见表12.5。

表12.5 矿山地质环境现状评估说明

分区	面积/hm^2	地质灾害	含水层	地形地貌景观	土地资源
地质环境影响严重区	385.18	现状条件下地表变形严重，采空区地面产生大量的裂缝、塌陷，附近村庄民房不同程度出现墙体、地面、屋顶的裂缝和变形，严重影响了村庄居民的正常生活。矿区内发生房屋变形裂缝的村庄主要有军地村、上段家凹村、下段家凹村。评价范围内滑坡、崩塌、泥石流地质灾害不发育。现状条件下矿山地质灾害造成的直接经济损失大于500万元，受威胁人数大于100人。对照《矿山地质环境保护与恢复治理方案编制规范》附录E，现状矿山地质灾害影响程度为“严重”	评估区含水层富水性均较弱，补给条件差，采煤过程中产生的导水裂隙带使第四系松散岩类孔隙水及二叠系砂岩裂隙水、太原组岩溶裂隙水受到采动疏干，巷道内涌水量增大，水井出现水位下降，影响矿区及周围村庄部分生产生活供水。矿井最大涌水量为638m^3/d。对照《矿山地质环境保护与恢复治理方案编制规范》附录E，现状矿山含水层破坏影响程度为“严重”	矿区目前采空面积625.31hm^2，地表出现裂缝、塌陷，造成地质体断裂、变形。另外沟谷中煤矸石的堆放、工业场地整平、道路修建等矿区工程活动在局部改变了矿区原有地形特征，采矿对原生的地形地貌景观影响和破坏程度较大。对照《矿山地质环境保护与恢复治理方案编制规范》附录E，对地形地貌景观影响程度为“较严重”	新旧工业场地占用土地资源22.01hm^2；3个矸石场占用土地资源2.11hm^2；采空塌陷破坏土地资源625.31hm^2。矿山占用和破坏的土地类型为林地、草地及裸地，面积共651.77hm^2。对照《矿山地质环境保护与恢复治理方案编制规范》附录E，现状采矿活动对土地资源影响程度为“严重”
地质环境影响较轻区	797.24	地裂缝、地面塌陷、崩塌、滑坡等地质灾害不发育。对照《矿山地质环境保护与恢复治理方案编制规范》附录E，现状矿山地质灾害影响程度属“较轻”	主要含水层水位下降幅度小，对照《矿山地质环境保护与恢复治理方案编制规范》附录E，现状矿山含水层破坏影响程度属“较轻”	地形地貌形态没有变化，没有出现明显的地表变形、地表植被减少等与区域地形地貌景观不协调现象。对照《矿山地质环境保护与恢复治理方案编制规范》附录E，对地形地貌景观影响程度属“较轻”	占用破坏林地、草地小于2hm^2。对照《矿山地质环境保护与恢复治理方案编制规范》附录E，现状采矿活动对土地资源影响程度属“较轻”

12.6 矿山地质环境影响预测评估

12.6.1 采动引起地面变形预计

1. 地面变形预测

豁口矿区内煤层埋深南浅北深，2号煤层平均埋深15m，采用一次采全高综采采煤法，全部垮落法管理顶板，后退式回采，工作面宽150m，年推进长度600m；10（9+10）号煤层平均埋深120m，采用综采放顶煤采煤法，全部冒落法管理顶板，后退式回采，工作面宽110m，年推进长度600m。现状评估结果表明，豁口煤矿已有采空区地面多处出现了地裂缝及地面塌陷。

为了定量计算豁口煤矿采煤引起的矿区地表变形程度，依据《建筑物、水体、铁路及主要井巷煤柱留设与压煤开采规范》中的计算公式，预测煤层开采后，地表最大移动、变形和倾斜值如下：

最大下沉值 $$W_{max}=m\eta\cos\alpha$$

最大曲率值 $$K_{max}=\pm1.52\frac{W_{max}}{r^2}$$

最大倾斜值 $$I_{max}=\frac{W_{max}}{r}$$

最大水平移动值 $$U_{max}=bW_{max}$$

最大水平变形值 $$\varepsilon_{max}=\pm1.52\frac{bW_{max}}{r}$$

式中 η——下沉系数；

m——煤层采空区厚度，m；

r——主要影响半径，其值为采深与主要影响角正切值 $\tan\beta$ 之比；

α——煤层倾角；

b——水平移动系数。

根据豁口煤矿矿区地质报告及经验数据，矿区下组10（9+10）号煤层距上组煤层约100m，当开采下组煤层时，采空区厚度为上组煤层和下组煤层厚度的累计厚度8.11m，下沉系数取0.9。将煤层采空后地表移动基本参数详列于表12.6。

按上述公式计算矿区2号煤层和10（9+10）号煤层采空后煤层埋深最浅处、最深处地表以及村庄附近产生的最大变形值，具体计算结果见表12.7。

将表12.7与《建筑物、水体、铁路及主要井巷煤柱留设与压煤开采规范》中规定的地表变形对地面砖混结构建筑物损坏等级（表12.8）进行对比，可以

表12.6　　矿区煤层采空后地表移动基本参数表

采区	煤层	平均采厚 m /m	煤层倾角 α/(°)	下沉系数 η	影响角 β/(°)	水平移动系数 b	覆岩类型
一采区	2	1.50	5°	0.7	65°	0.25	中坚硬
	10（9+10）	8.11	5°	0.9	65°	0.25	中坚硬
二采区	10（9+10）	6.61	5°	0.7	65°	0.25	中坚硬

表12.7　　煤层采空后地表不同部位最大变形值

计算点位置	煤层编号	煤层厚度 /m	煤层埋深 /m	W_{max} /mm	K_{max} /(mm/m²)	I_{max} /(mm/m)	U_{max} /mm	ε_{max} /(mm/m)
一采区最浅点	2	1.50	5	1046	292.47	448.63	261.5	170.48
一采区最深点	2	1.50	30	1046	8.12	74.77	261.5	28.41
一采区最浅点	10（9+10）	8.11	105	7271	4.61	148.50	1817.8	56.43
一采区最深点	10（9+10）	8.11	270	7271	0.70	57.75	1817.8	21.95
二采区最浅点	10（9+10）	6.61	75	4609	5.73	131.79	1152.3	50.08
二采区最深点	10（9+10）	6.61	100	4609	3.22	98.84	1152.3	37.56
一采区圪垛村	10（9+10）	6.61	230	4609	0.61	42.97	1152.3	16.33
一采区下段家凹村	10（9+10）	6.61	131	4609	1.88	75.45	1152.3	28.67
一采区核桃凹村	10（9+10）	6.61	180	4609	0.99	54.91	1152.3	20.87
一采区虎狼沟村	10（9+10）	6.61	171	4609	1.10	57.80	1152.3	21.96
一采区南凹村	10（9+10）	6.61	146	4609	1.51	67.70	1152.3	25.73
二采区工业广场	10（9+10）	6.61	118	4609	2.31	83.76	1152.3	31.83
二采区军地村	10（9+10）	6.61	149	4609	1.45	66.34	1152.3	25.21

表12.8　　砖混结构建筑物的损坏等级

损坏等级	建筑物损坏程度	地表变形值			处理方式
		倾斜 I/(mm/m)	曲率 K/(mm/m)	水平变形 ε/(mm/m)	
Ⅰ	墙壁上不出现或仅出现少量宽度小于4mm的细微裂缝	≤3.0	≤0.2	≤2.0	不修

续表

损坏等级	建筑物损坏程度	地表变形值			处理方式
		倾斜 I/(mm/m)	曲率 K/(mm/m)	水平变形 ε/(mm/m)	
Ⅱ	墙壁上出现4～15mm宽的裂缝，门窗略有歪斜，墙皮局部脱落，梁支承处稍有异样	≤6.0	≤0.4	≤4.0	小修
Ⅲ	墙壁上出现16～30mm宽的裂缝，门窗严重变形，墙身倾斜，梁头有抽动现象，室内地墙开裂或鼓起	≤10.0	≤0.6	≤6.0	中修
Ⅳ	墙身严重倾斜、错动、外鼓或内凹，梁头抽动较大，屋顶、墙身挤坏，严重者有倒塌危险	＞10	＞0.6	＞6.0	大修、重建或拆除

看出豁口煤矿煤层采空后，采空区范围内地表不同部位地面倾斜变形值均大于10mm/m，地表不同部位曲率变形值均大于0.6mm/m，地表不同部位水平变形值均大于6.0mm/m，对地表砖混结构建筑物的损坏等级为Ⅳ级。因此煤矿开采时，全区内均应对开采影响范围内的村庄、道路、煤矿工业广场等建筑物按《建筑物、水体、铁路及主要井巷煤柱留设与压煤开采规范》规定留足保护煤柱，防止因煤矿开采造成破坏。

2. 开采引起的地表移动时间预测

开采引起的地表移动，其移动速度由零逐渐增大，达到一定值后，又逐渐缩小趋于零。地表移动的延续时间（T）可用《建筑物、水体、铁路及主要井巷煤柱留设与压煤开采规范》中的公式进行估算

$$T=2.5H_0(\mathrm{d}) \tag{12.1}$$

式中　H_0——工作面平均采深，m。

矿区2号煤层开采深度5～30m，10（9+10）号煤层开采深度75～270m，将采深数据代入式（12.1）计算得，2号煤层浅埋区埋深5m时，T=13d，深埋区埋深30m时，T=75d，即开采2号煤层引起的地表移动时间为13～75d。10（9+10）号煤层浅埋区埋深75m时，T=188d，深埋区埋深270m时，T=675d，即开采10（9+10）号煤层引起的地表移动时间为188～675d。

3. 煤层开采引起的地表变形影响范围计算

矿区边界由19个拐点圈定而成，为一多边形，矿区内煤层倾角3°～10°，取

岩层移动角 $\delta=70°$，松散层移动角 $\varphi=45°$。地表移动范围在无断裂构造影响情况下的计算公式采用

$$S=(H-h)\cot\delta+h\cot\varphi$$

式中　H——煤层埋深，m；

h——松散层厚度，m，平均厚度取 10m；

φ——松散层移动角，(°)；

δ——岩层移动角，(°)。

本次计算未考虑地形变化的影响，仅粗略计算最小和最大的影响范围，以此来界定煤层开采引起的地表变形影响范围，计算结果见表 12.9 和表 12.10。

表 12.9　煤层开采地表移动影响范围计算结果

影响范围/m	2 号煤层	最小值	最大值
		8	17
	10（9+10）号煤层	最小值	最大值
		34	104

表 12.10　各采区地表移动影响范围

年　限	煤层	采区	面积/hm^2
开采 5 年	2	一采区	37.68
	10（9+10）	一采区	90.15
服务期 18.6 年	2	一采区	37.68
	10（9+10）	一采区	202.81
		二采区	56.51

12.6.2　矿山地质灾害预测评估

1. 采煤诱发地裂缝、地面塌陷预测评估

（1）5 年适用期采煤地裂缝、地面塌陷地质灾害预测评估。根据豁口煤矿开采计划安排，5 年适用期的采煤主要集中在一采区。由开采沉陷预测分析可知，5 年适用期开采 2 号、10（9+10）号煤层的开采沉陷面积约 90.15hm^2，可诱发地裂缝、地面塌陷地质灾害。地裂缝、地面塌陷影响的主要是核桃凹村、虎狼沟村。采煤影响到村庄 30 户，130 人，按每户补贴修理费 0.5 万元计算，采煤对村庄房屋破坏的经济损失为 15 万元。矿区内受影响的临大公路路段长约 1.6km。在采取留设保护煤柱措施后，经过简单维修就可以保证居民安全和经济利益不受大的损失。

对照《矿山地质环境保护与恢复治理方案编制规范》附录 E，预测 5 年适用

期豁口煤矿采煤地裂缝、地面塌陷地质灾害危害程度为“严重”。

（2）矿井服务期采煤地裂缝、地面塌陷地质灾害预测评估。由开采沉陷预测分析可知，矿井服务期内一采区、二采区开采沉陷总面积约202.81hm²，可诱发地裂缝、地面塌陷地质灾害。评估区内地裂缝、地面塌陷影响的主要是军地村以及工业场地、矸石场；矿区内受影响的临大公路路段长约0.5km。在采取留设保护煤柱措施后，地裂缝、地面塌陷地质灾害对村庄、工业场地、矸石场、临大公路的影响小，经过简单维修就可以保证居民安全和经济利益不受大的损失。采煤影响到村庄13户，56人，按每户补贴修理费0.5万元计算，采煤对村庄房屋破坏的经济损失为6.5万元。

对照《矿山地质环境保护与恢复治理方案编制规范》附表E，预测矿井服务期豁口煤矿采煤地裂缝、地面塌陷地质灾害危害程度为“严重”。

2. 采煤诱发崩塌、滑坡预测评估

（1）5年适用期采煤诱发崩塌、滑坡预测评估。工业广场西侧沟谷上部不稳定斜坡X_1，坡脚遭到挖方或大气降水作用下，可能复活发生崩塌、滑动。特别是在陡峭临空面，垂直节理尤为明显，降水会增大岩土体的含水率，降低抗剪强度、增加岩土体重量，极易产生零星状的小规模岩块崩落，体积从几方至几百方不等。该滑坡体前缘为工业广场净化水房和供水站，对矿区用水及管路等配套设施造成威胁。预计崩塌、滑坡可能造成直接经济损失100万～500万元，受威胁人数小于100人。

对照《矿山地质环境保护与恢复治理方案编制规范》附录E，预测5年适用期豁口煤矿采煤崩塌、滑坡地质灾害影响程度为“较严重”。

（2）矿井服务期采煤诱发崩塌、滑坡预测评估。评估区第四系黄土广泛分布，区内冲沟发育，地形切割较严重，沟谷两侧边坡坡度一般在20°～40°，个别地段坡度陡立。当开采沉陷后，边坡倾斜地表将产生附加采动滑移，滑移方向指向山体的下坡方向，因而凸形边坡部位将产生附加水平拉伸变形，在边坡、陡坡的边缘附近常出现裂缝。在长壁式大冒顶充分开采的条件下，对矿区边坡倾斜地表产生的附加采动滑移会更大，易于形成采动崩塌与采动滑坡。根据前述地表最大移动、变形和倾斜值的计算数据可知，矿区大面积回采后，沟谷边斜坡上易出现地裂缝，如果雨季时雨水沿裂缝下渗，会诱发崩塌、滑坡地质灾害。威胁人员数小于100人，经济损失小于500万元。

对照《矿山地质环境保护与恢复治理方案编制规范》附录E，预测矿井服务期豁口煤矿采煤崩塌、滑坡地质灾害影响程度为“较严重”。

3. 地质灾害预测小结

通过上述矿山地质灾害预测评估，结合矿山地质灾害现状，预测采煤影响范围内地表变形严重，一采区和二采区影响范围内地面将产生大量的裂缝、塌陷，采煤影响范围内的村庄民房及其他建筑物受采空区地表变形影响，可能出现墙体、地面、屋顶的裂缝和变形。主要受影响的村庄为圪垛村、核桃凹村、虎狼沟村、军地村；工业广场西侧沟谷上部不稳定斜坡 X_1 对矿区用水及管路等配套设施造成威胁，矿山地质灾害可能造成的直接经济损失小于500万元，受威胁人数小于100人，预测豁口煤矿矿山地质灾害影响程度为“较严重”。

12.6.3 矿山活动对地下水资源影响预测评估

1. 导水裂隙带高度计算

豁口煤矿为井下开采煤炭资源，由于采空区以上覆岩的破坏（包括对其中的含水层产生破坏）及矿坑排水，造成矿区及周边地下水位下降，甚至疏干局部含水层中的地下水，对地下水资源可能造成破坏。

豁口煤矿煤层倾角3°～10°，为缓倾斜煤层，煤层上覆岩层为中硬岩层和软弱岩层的互层，顶板管理为全部垮落法。因此，导水裂隙带最大高度预测选用《建筑物、水体、铁路及主要井巷煤柱留设与压煤开采规范》中符合相关条件的计算公式。

导水裂隙带最大高度计算公式为

$$H_{li}=\frac{100\sum M}{1.6\sum M+3.6}\pm 5.6 \tag{12.2}$$

式中 M——煤层开采厚度。

根据上述公式计算，得到豁口煤矿2号煤层、10（9+10）号煤层开采后的最大导水裂隙带高度见表12.11。

表12.11　导水裂隙带最大高度

煤层	平均开采厚度/m	导水裂隙带高度/m	最大影响高度/m
2	1.50	30.60	38.56
10（9+10）	6.61	52.23	67.63

由表12.11预测可知，煤矿2号煤层开采后，导水裂隙带最大影响高度为38.56m，对照矿区地层综合柱状图，最大影响高度可达2号煤层之上的二叠系下统下石盒子组，因此2号煤层之上的下石盒子组 K_8 砂岩裂隙含水层和二叠系下统山西组砂岩裂隙含水层将会遭到破坏；10（9+10）号煤层开采后，导水裂隙带最大影响高度为67.63m，对照矿区地层综合柱状图，最大影响高度可影响到10（9+10）号煤层之上的石炭系上统太原组，因此10（9+10）号煤层之上的太原组 K_2～K_6 灰岩岩溶裂隙含水层将会遭到破坏。

2. 采煤对水资源影响范围计算

采煤对含水层的破坏及对地下水的疏干影响并不局限于冒落带和导水裂隙

带范围，也不局限于单一的采煤工作面，最终将破坏并疏干采煤变形影响范围内的含水层地下水。采煤对含水层的破坏及对地下水的疏干范围可采用水文地质学中的大井法概略计算，即将煤矿开采区假设为一个大井，矿井排水假设为抽水，根据抽水试验中影响半径的公式来概略计算矿井的影响范围。

$$R=10S\sqrt{K} \tag{12.3}$$

式中 S——水位降深（静止水位与疏干水位的高差），m；

K——渗透系数，m/d。

豁口矿区煤层开采后，直接受影响的含水层主要是太原组灰岩岩溶裂隙含水层和山西组砂岩裂隙含水层，对冒落带和导水裂隙带以上的其他含水层则没有直接的疏干影响，而是两带以上含水层地下水逐渐渗漏被疏干。根据《临汾市尧都区地方国营豁口煤矿矿区水文地质调查报告》，本次计算含水层渗透系数取 0.0256m/d，水位降深取导水裂隙带影响最大高度 67.63m。将这些数值代入式（12.3）进行计算后，矿区煤层开采后矿井排水对上覆含水层的影响范围约为采空区外侧 108m。矿区采空影响范围内地下水资源一旦受到破坏，在煤矿开采结束（闭坑）后很长一段时间后才能逐渐恢复，预测采矿在生产期间对可采煤层以上含水层及地下水资源破坏程度严重。

3. 采煤对含水层破坏预测评估

（1）采煤对各含水层的影响。

1）采煤对煤系地层上覆含水层的影响。2 号煤层平均开采厚度 0.96m，上覆下统山西组裂隙含水层为弱含水层，顶底板由致密的砂岩、泥岩组成，K_8 砂岩为煤层顶板间接充水含水层，厚度一般 5～10m；10（9＋10）号煤层平均厚度 6.61m，上覆石炭系太原组碳酸盐岩溶裂隙含水层富水性弱—中等，这两层含水层在煤层开采后水量基本被疏干，煤炭开采后该含水层地下水的排泄将由原天然的顺地层沿倾向方向转移变为以人工开采排泄为主。

2）采煤对煤系地层下伏含水层的影响。K_7 砂岩是位于 2 号煤层之下的含水层，裂隙不发育，为弱含水层；10（9＋10）号煤层之下的 K_1 砂岩含水层为富水性弱—中等。煤矿开采时需要采取水位疏降措施，可造成含水层水位下降，水量减少。

3）采煤对浅部含水层和民用井水的影响。豁口矿区浅部含水层为新生界第四系松散孔隙含水层，该含水层埋藏较浅，是当地部分村庄农业生产、生活用水的主要含水层。主要接受大气降水的补给，受大气降水影响明显，为弱含水层。计算表明，开采后形成的导水裂隙带的最大高度为 52.23m，最大影响高度为 67.63m。通过矿区地形等高线及煤层赋存条件的分析，煤层导水裂隙带顶部到地表至少为 192m。开采过程中产生的顶板导水裂隙带使得局部地带与风化裂隙带甚至地表水发生水力联系，影响第四系浅部含水层，会造成第四系松散岩类孔隙水井水位下降。

（2）5年适用期采煤对含水层破坏预测评估。由前面含水层破坏预测分析可知，方案适用期5年在一采区内开采2号、10（9＋10）号煤层，累计采厚8.11m。采煤对10（9＋10）号煤层之上的太原组 K_2～K_6 灰岩岩溶裂隙含水层和2号煤层之上的二叠系下统下石盒子组 K_8、K_9 砂岩裂隙含水层，上统上石盒子组 K_{10} 砂岩裂隙含水层破坏严重，一采区部分第四系松散层孔隙水会受到采动疏干，造成矿区内水井水位下降，对矿区及村民用水造成较严重影响。

对照《矿山地质环境保护与恢复治理方案编制规范》附录E，预测5年适用期豁口煤矿采煤对含水层破坏影响程度为“较严重”。

（3）矿井服务期采煤对含水层破坏预测评估。矿井服务期内，10（9＋10）号煤层开采以后，一采区、二采区太原组 K_2～K_6 灰岩岩溶裂隙含水层及其以上含水层都会受到采动疏干，疏干影响范围约为采空区外侧108 m，造成矿区内水井水位下降或水井干枯，对矿区及村民用水造成严重影响。

对照《矿山地质环境保护与恢复治理方案编制规范》附录E，预测矿井服务期豁口煤矿采煤对含水层破坏影响程度为“严重”。

12.6.4　矿山活动对地形地貌景观破坏预测评估

豁口煤矿为井工开采，矿山开采对地形地貌景观的破坏主要是地裂缝和地面塌陷，采动诱发滑坡、崩塌，煤矸石填埋沟谷以及地表附属工程建设平整场地时的挖、填方。根据现状矿山活动对地质地貌景观的改变，预测矿山活动对原生地形地貌景观影响和破坏程度较大。

对照《矿山地质环境保护与恢复治理方案编制规范》附录E，预测5年适用期和矿山服务期豁口煤矿采煤对地形地貌景观破坏影响程度为“较严重”。

12.6.5　矿山活动对土地资源破坏影响预测评估

豁口煤矿采用长壁式开采、全部垮落法管理顶板，对矿区土地资源的影响破坏主要为采空塌陷和矸石堆放占压。煤矿开采以后，在其影响范围内地面将不同程度出现地裂缝、地面塌陷，破坏土体原生结构，同时造成部分含水层位地下水资源的枯竭，加速土地退化和水土流失，使矿区内土地资源及地表生态环境受到一定程度的破坏。煤矿排矸量较少，预计矸石新增占地面积较小。5年适用期和矿井服务期矿山占用、破坏土地情况见表12.12。

1. 5年适用期土地资源破坏影响预测评估

根据地面塌陷预测可知，5年适用期内一采区新增采空区面积 $90.15hm^2$，受到地面裂缝及塌陷破坏的土地类型主要为有林地、灌木林地和其他草地。这些地裂缝、地面塌陷基本不影响林地、草地和旱地的正常生长。豁口煤矿目前每年排放矸石 2 万 t，5 年适用期内排矸量约 10 万 t，主要占压其他草地，预测新增占压面积约 0.32hm^2。

对照《矿山地质环境保护与恢复治理方案编制规范》附录 E，5 年适用期占用破坏林地或草地面积大于 4hm^2，占用破坏有旱地面积大于 2hm^2，5 年适用期采矿活动对土地资源破坏影响程度为“严重”。

2. 矿井服务期土地资源破坏影响预测评估

矿界内林地和草地面积占矿区面积的 79.46%，根据地面塌陷预测可知，矿井服务期一采区、二采区新增采空塌陷区面积共 259.32hm^2，受到破坏的土地类型主要为有林地、灌木林地和其他草地。矿区内耕地均为旱作坡地或梯田，农民在耕作过程通过简单的地面裂缝及塌陷填埋，基本可以恢复农业正常耕作；采空区内的林地和草地也将不同程度地产生地面裂缝及塌陷，这些地面裂缝及塌陷基本不影响林地和草地的正常生长；煤矸石等固体废物堆放占用土地，也将改变原有土地属性，矿井服务期排矸量将达到 38 万 t，占压其他草地面积约 1.2hm^2。

对照《矿山地质环境保护与恢复治理方案编制规范》附录 E，占用破坏林地或草地面积大于 4hm^2，占用破坏旱地面积大于 2hm^2，矿井服务期采矿活动对土地资源破坏影响程度为“严重”。

表 12.12　　矿山占用、破坏土地预测　　单位：hm^2

采区		项目	占压、破坏土地类型及面积						合计
			有林地	灌木林地	旱地	其他草地	农村宅基地	裸地	
5 年适用期	一采区	采空塌陷	27.58	42.65	3.95	42.89	10.66	3.29	131.02
		矸石场				0.32			0.32
矿井服务期	一采区	采空塌陷	78.18	58.93	3.95	47.93	10.66	10.38	210.03
		矸石场				0.80			0.80
	二采区	采空塌陷	26.43		14.82	7.09	0.95		49.29
		矸石场				0.40			0.40
	合计		104.61	58.93	18.77	56.22	11.61	10.38	260.52

12.6.6　预测评估结果

综合以上煤矿开采对地质灾害、含水层破坏、地形地貌景观破坏、土地资源破坏的预测评估分析，评估区范围内矿山地质环境预测影响程度评估结果见表 12.13。

表 12.13 矿山地质环境预测评估说明

分区	编号		分布范围	面积/hm^2	地质灾害	含水层	地形地貌景观	土地资源
地质环境影响严重区	A	A_1	5年适用期一采区开采沉陷范围	170.58	采煤引发大量的地裂缝、地面塌陷，村庄民房等构筑物将不同程度地出现裂缝和变形，主要受影响的村庄为核桃凹村、虎狼沟村、军地村；地下采空可能诱发山体滑坡、崩塌；工业广场西侧不稳定斜坡 X_1，可能复活发生崩塌、滑动，对其前缘的工业广场造成威胁。矿山地质灾害可能造成的直接经济损失大于500万元，受威胁人数大于100人，预测矿山地质灾害危险性大	太原组灰岩岩溶裂隙含水层、二叠系砂岩裂隙含水层、第四系松散层孔隙水会受到采动疏干，造成矿区内水井水位下降或干枯，对矿区及村民用水造成严重影响。对照《矿山地质环境保护与恢复治理方案编制规范》附录E，预测矿山活动对含水层影响程度为“严重”	地裂缝，地面塌陷，采动诱发滑坡、崩塌，煤矸石填埋沟谷以及建设平整场地时的填挖方对原生地形地貌景观影响和破坏程度较大。对照《矿山地质环境保护与恢复治理方案编制规范》附录E，预测方案5年适用期和矿井服务期矿山活动对地形地貌景观影响程度为“较严重”	5年适用期开采沉陷面积约 $90.15hm^2$，全矿井开采结束后开采沉陷面积约为 $259.32hm^2$。破坏土地类型主要为有林地、灌木林地、其他草地、旱地及裸地等。通过简单平整、填埋，基本不影响植被的正常生长。对照《矿山地质环境保护与恢复治理方案编制规范》附录E，占用破坏林地或草地面积大于 $4hm^2$；占用破坏旱地面积大于 $2hm^2$，矿山活动对土地资源影响程度为“严重”
		A_2	一采区剩余开采沉陷范围	100.79				
		A_3	二采区开采沉陷范围	84.74				
地质环境影响较轻区	B		矿井服务期开采沉陷范围以外的区域	820.31	地质灾害不发育，该区地表构建筑物和村庄人口稀少，基本不受采矿影响，发生地质灾害的可能性小，危险性小	该区域主要含水层受矿山活动影响程度较小	采矿活动及地表工程影响区域以外的范围，基本不受影响，矿山活动对地形地貌景观影响程度为“较轻”	采矿活动及地表工程影响区域以外的范围，基本不受影响，矿山活动对土地资源影响程度为“较轻”

12.7 矿山地质环境保护与治理恢复分区

12.7.1 分区原则及分区结果

1. 分区原则

依据现状及预测评估结果，综合考虑对矿区内人居环境、工农业生产、区域经济发展影响以及矿山地质环境保护与治理恢复的必要性和可操作性，结合矿山服务年限和开采计划，豁口煤矿矿山地质环境保护与治理恢复分区原则如下：

（1）矿山地质环境保护与治理恢复分区包括整个矿山地质环境影响评估范围。

（2）按照《矿山地质环境保护与恢复治理方案编制规范》有关要求，矿山地质环境保护与治理恢复分区根据矿山地质环境影响程度，可分为重点防治区（Ⅰ）、次重点防治区（Ⅱ）和一般防治区（Ⅲ）。分区标准参见《矿山地质环境保护与恢复治理方案编制规范》附录F（表12.14），可根据区内矿山地质环境问题类型的差异，进一步细分为亚区。

表12.14 矿山地质环境保护与治理恢复分区

分区级别	矿山地质环境影响程度	
	现状评估	预测评估
重点	严重	严重
次重点	较严重	较严重
一般	较轻	较轻

注 现状评估与预测评估不一致的采取就上原则进行分区。

（3）矿山地质环境保护与治理恢复分区因素包括矿山地质灾害、矿山活动对地下水资源影响、矿山活动对土地资源影响、矿山活动对地质地貌景观改变等，依据上述因素的影响程度和危害程度进行分区。

（4）矿山地质环境保护与治理恢复分区中，根据第3条单因素对矿区生产以及对矿区内人居生产生活的影响和危害程度、矿山地质环境保护与治理恢复的必要性和可操作性，对表12.14分区标准进行合理修正。

（5）在合理修正并确定单因素分区的基础上，按就大不就小、就高不就低的原则综合确定矿山地质环境保护与治理恢复分区。

（6）遵从区内相似、区际相异的原则。

（7）按照重点防治区、次重点防治区和一般防治区的顺序，分别阐明防治区的面积，区内存在或可能引发的矿山地质环境问题的类型、特征及其危害，以及矿山地质环境问题的防治措施等。

2. 分区结果

根据上述分区原则，结合豁口煤矿矿山地质环境问题的具体情况和矿山地质环境问题的发展变化趋势，考虑矿山地质环境问题的危害性、矿山地质环境的可恢复性、矿山地质环境治理恢复的可行性及可操作性，将豁口煤矿矿山地质环境保护与治理恢复划分为矿山地质环境保护与治理恢复重点防治区（Ⅰ）。

从矿山地质环境影响评估结果可知，豁口煤矿形成的一系列矿山地质环境问题均由煤层采空后形成的地面塌陷、地面裂缝引起，就矿山地质环境问题单因素分区而言，豁口煤矿矿山地质环境问题具有以下特点：

（1）矿区内煤矿工业场地以及村庄一旦遭受采煤地面塌陷、地面裂缝地质灾害，其可能造成的危害程度严重，对照《矿山地质环境保护与恢复治理方案编制规范》附录F表F，将豁口煤矿工业场地、临大公路以及受影响的村庄划分为重点防治区；旱地、林地、其他草地以及裸地等遭受地面塌陷或地面裂缝造成的危害程度较轻，对照《矿山地质环境保护与恢复治理方案编制规范》附录F，将旱地、林地以及其他草地等分布区划分为一般防治区。

（2）矿区煤层开采后，直接遭受破坏的含水层主要是太原组石灰岩岩溶裂隙含水层和山西组砂岩裂隙含水层，矿山开采条件下无法避免可采煤层以上含水层结构的破坏及地下水的疏干，矿区采动影响范围内水井会出现水位下降，对评价区及周边村庄居民正常生活用水造成较大的影响。奥陶系石灰岩岩溶裂隙水位于可采煤层以下，该含水层未遭到采煤的影响与破坏。综合分析矿区含水层保护与治理恢复的重要性、可行性以及对矿区内村庄、煤矿生产生活供水影响程度，对照《矿山地质环境保护与恢复治理方案编制规范》附录F，将矿区含水层保护与治理恢复单因素分区划分为重点防治区。

（3）矿区煤层开采后，矿山活动改变原生的地形地貌景观，对地形地貌景观改变影响程度较严重，对照《矿山地质环境保护与恢复治理方案编制规范》附录F，将矿区地形地貌景观保护与治理恢复单因素分区划分为次重点防治区。

（4）煤矿开采对土地资源的影响与破坏主要表现为地面塌陷、地裂缝。对矿区内旱地、有林地、灌木林地、其他林地、其他草地、裸地的土地资源利用而言，这些地面塌陷及裂缝基本不影响旱地、林地和草地的正常生长。占用破坏林地或草地面积大于 $4hm^2$；占用破坏旱地面积大于 $2hm^2$，对土地资源影响程度严重。对照《矿山地质环境保护与恢复治理方案编制规范》附录F，将矿区土地资源保护与治理恢复单因素分区划分为重点防治区。

综上所述，依据矿山地质环境保护与治理恢复分区原则，在确定单因素分区的基础上，按就大不就小、就高不就低综合确定矿山地质环境保护与治理恢复分区，将豁口煤矿矿山地质环境保护与治理恢复分区划分为重点防治区(Ⅰ)。

12.7.2 分区评述

豁口煤矿矿山地质环境重点防治区（Ⅰ）有五类，分别为工业广场、矸石场、村庄、公路、采空塌陷区。

1. 工业广场

采空区影响范围内地面将产生大量的裂缝、塌陷，工业场地地表建筑物及各类生产设施将受到影响；西侧沟谷上部不稳定斜坡 X_1，坡脚遭到挖方或大气降水作用下，极易产生零星状的小规模岩块崩落，体积从几立方米至几百立方米不等，对滑坡体前缘工业广场造成威胁。

防治措施如下：

(1) 按有关规范留足保护煤柱。

(2) 对工业广场周边高陡切坡段进行护坡。

(3) 矿区绿化、硬化，建设排水设施。

2. 矸石场

矸石场主要占压其他草地，造成土地资源的破坏，服务期内预计共占压面积 1.2hm^2。

防治措施：按有关规范留足保护煤柱，分层堆放，逐层碾压覆土，植树种草，恢复地表植被。

3. 村庄

受影响村庄包括军地村、虎狼沟村、核桃凹村、南凹村、下段家凹村。村庄民房及其他建筑物设施受采空区地表变形影响，墙体、地面、屋顶将不同程度出现裂缝和变形，严重者甚至可能造成建筑物的倒塌；采空区以上含水层结构遭到破坏、地下水被疏干，水井会出现水位下降。地下采空可能诱发山体滑坡、崩塌，将严重影响村庄居民的正常生活。

防治措施：

(1) 按有关规范留足保护煤柱或对矿区受影响的村庄实施搬迁。

(2) 对村庄周边高陡切坡段进行削坡，清理掉可能发生崩塌的裂缝土体。

(3) 打深井解决村民用水紧张问题。

4. 公路

开采沉陷造成路面低凹起伏不平，产生地裂缝，加速雨水对路面的破坏作用，降低公路使用寿命。

防治措施：按有关规范留足保护煤柱，对公路两侧高陡边坡段进行削坡。

5. 采空塌陷区

地裂缝、地面塌陷破坏土地资源和地形地貌景观，影响耕地、林地和草地的正常生长；采空区以上含水层结构遭到破坏、地下水被疏干。

防治措施：

（1）记录所有地面裂缝、地面塌陷发生位置、基本特征，及时填埋地裂缝、平整地面塌陷，清理掉可能发生崩塌的裂缝土体。

（2）存档保留所有采空区分布图，为后期矿区内进行工程建设治理提供依据。

除上述防治措施外，煤矿还应与防治区内的所有村庄共同建立矿山地质灾害群测群防网络监测体系，重点加强工业场地及村庄附近边坡、道路临坡边坡的稳定性监测，一旦发现坡体出现裂缝现象，及时通知煤矿及地质灾害相关主管部门，并采取相应撤离、搬迁等避让处理措施，同时采取必要的工程处理或治理措施，保证工业场地及村庄内受威胁人员和财产的安全；加强防治区内各类建筑物及设施变形监测，防止因建筑物及设施的破坏造成人员伤亡和财产的更大损失。

12.7.3 分区说明表

豁口煤矿矿山地质环境保护与治理恢复分区说明见表12.15。

表12.15 矿山地质环境保护与治理恢复分区说明

<table>
<tr><th>分区</th><th colspan="2">编号</th><th>分布范围</th><th>面积/hm²</th><th>矿山地质环境问题的类型、特征及其危害</th><th>防治措施</th><th>备注</th></tr>
<tr><td rowspan="7">重点防治区Ⅰ</td><td colspan="2">Ⅰ1</td><td>工业广场</td><td>25.86</td><td>工业场地地表建筑物及各类生产设施将受到裂缝、塌陷影响；西侧沟谷上部不稳定斜坡X1，坡脚遭到挖方或大气降水作用下，极易产生零星状的小规模岩块崩落，体积从几方至几百方不等，对滑坡体前缘工业广场造成威胁</td><td>（1）按有关规范留足保护煤柱；
（2）对工业广场周边高陡切坡段进行护坡；
（3）矿区绿化、硬化，建设排水设施</td><td></td></tr>
<tr><td colspan="2">Ⅰ2</td><td>矸石场</td><td>1.68</td><td>矸石场主要占压其他草地，造成土地资源的破坏，服务期内预计共占压面积1.2hm²</td><td>按有关规范留足保护煤柱，分层堆放，逐层碾压覆土，植树种草，恢复地表植被</td><td></td></tr>
<tr><td rowspan="5">Ⅰ3</td><td>Ⅰ31</td><td>军地村</td><td>1.71</td><td rowspan="5">村庄民房及其他建筑物设施受采空区地表变形影响，墙体、地面、屋顶将不同程度出现裂缝和变形，严重者甚至可能造成建筑物的倒塌；采空区以上含水层结构遭到破坏、地下水被疏干，水井会出现水位下降。地下采空可能诱发山体滑坡、崩塌，将严重影响村庄居民的正常生活</td><td rowspan="5">（1）按有关规范留足保护煤柱或对矿区受影响的村庄实施搬迁；
（2）对村庄周边高陡切坡段进行削坡，清理掉可能发生崩塌的裂缝土体；
（3）打深井解决村民用水紧张问题；
（4）加强地表及建筑物变形监测</td><td rowspan="5">圪垛村已搬迁</td></tr>
<tr><td>Ⅰ32</td><td>核桃凹村</td><td>4.16</td></tr>
<tr><td>Ⅰ33</td><td>虎狼沟村</td><td>2.50</td></tr>
<tr><td>Ⅰ34</td><td>下段家凹村</td><td>3.98</td></tr>
<tr><td>Ⅰ35</td><td>南凹村</td><td>0.60</td></tr>
</table>

续表

分区	编号		分布范围	面积/hm^2	矿山地质环境问题的类型、特征及其危害	防治措施	备注
重点防治区Ⅰ	I_4		临大公路	46.51	开采沉陷造成路面低凹起伏不平，产生地裂缝，加速雨水对路面的破坏作用，降低公路使用寿命	按有关规范留足保护煤柱，对公路两侧高陡边坡段进行削坡，加强变形监测	
	I_5	I_{51}	原豁口1989年以前采空区	451.39	地裂缝、地面塌陷破坏土地资源和地形地貌景观，影响耕地、林地和草地的正常生长；采空区以上含水层结构遭到破坏、地下水被疏干	（1）记录所有地面裂缝、地面塌陷发生位置、基本特征，及时填埋地裂缝、平整地面塌陷；清理掉可能发生崩塌的裂缝土体； （2）加强地表变形和滑坡崩塌易发段监测； （3）存档保留所有采空区分布图，为后期矿区内进行工程建设治理提供依据	I_{51}包括原豁口2006年和原核桃沟1985—2006年采空区
		I_{52}	原豁口1989—2004年采空区	118.24			
		I_{53}	原丁家庄1977—2006年采空区	38.09			
		I_{54}	一采区5年开采影响范围	174.67			
		I_{55}	一采区剩余开采影响范围	170.52			
		I_{56}	二采区开采影响范围	136.51			

12.8 矿山地质环境保护与治理恢复原则、目标及任务

12.8.1 矿山地质环境保护与治理恢复原则

依据矿山地质环境综合评估结果，结合矿山服务年限和开采计划，依据《中华人民共和国矿产资源法》《中华人民共和国土地管理法》《中华人民共和国环境保护法》《中华人民共和国水土保持法》《地质灾害防治条例》《土地复垦规定》《煤矿防水条例》《建筑物、水体、铁路及主要井巷煤柱留设与压煤开采规范》，本次矿山地质环境保护与综合治理原则如下：

（1）遵循“以人为本”的原则，确保人居环境的安全，提高人居环境质量。

（2）坚持“预防为主、防治结合”“在保护中开发、在开发中保护”“依据科技进步、发展循环经济、建设绿色矿业”原则。

（3）贯彻“矿产资源开发与环境保护并重，综合治理与环境保护并举”

原则。

（4）坚持“谁开发、谁保护，谁污染、谁治理，谁破坏、谁恢复”原则。

（5）推行矿山地质环境保护与综合治理工程与矿山总体工程同时设计、同时施工、同时投产使用的“三同时”原则。

（6）推行矿产资源开发“污染物减量、资源再利用和循环利用”技术原则。

（7）治理规划要与开采时间相结合的原则，本治理方案考虑以往采空区影响区域和后期开采区域的治理。

（8）“实事求是，因地制宜”原则。根据矿山地质、水文工程地质、环境地质条件及矿山地质灾害等地质环境问题，制定科学合理的矿山地质环境预防、治理恢复措施。

12.8.2 矿山地质环境保护与综合治理目标及任务

1. 矿山地质环境保护与综合治理目标

矿山地质环境保护与治理恢复方案在矿山地质环境调查的基础上，按照《矿山地质环境保护规定》（国土资源部令第44号）第二条，以煤矿开采造成的矿区地面塌陷、地裂缝、崩塌、滑坡，含水层破坏、地形地貌景观破坏等地质灾害及地质环境问题的预防和治理恢复为目标，开展矿山地质环境保护与治理恢复，保护矿山地质环境，减少矿产资源开采活动造成的矿山地质环境破坏，保护矿区及其开采影响范围内人民生命和财产安全，促进矿产资源的合理开发利用和经济社会、资源环境的协调发展。

（1）总目标。

1）矿区内因煤矿开采引发的地裂缝、地面塌陷、滑坡、崩塌等地质灾害得到有效治理，不出现人员伤亡或人民财产经济损失。

2）基本解决因煤矿开采含水层遭到破坏而带来的矿区内居民生活用水紧张问题。

3）减缓对土地资源的影响，矸石等固体废弃物堆放合理，不造成次生地质灾害。采取有效措施对受影响和破坏的土地进行治理恢复，使其恢复原貌或适宜用途。

4）减缓对地形地貌景观的影响，开采后矿区植被覆盖率不低于原有的植被覆盖率水平。矿区内因煤矿开采引发的地形地貌景观破坏现象得到基本恢复。

（2）5年适用期目标。

1）恢复已废弃工业场地和已废弃矸石场范围内的地形地貌景观，恢复地表植被，使其不低于原有的植被覆盖率水平（35%）。

2）消除本次地质环境调查中发现的地质灾害隐患（不稳定斜坡 X_1 诱发的滑坡）。

3）整合前形成的采空区范围内的地裂缝、地面塌陷得到有效整治。

4）开采过程中产生的矸石等固体废弃物合理堆放，不造成次生地质灾害。

5）确保矿区和村庄正常供水。

6）做好整合前形成的采空区影响范围内的矿山地质环境监测工作。

2. 矿山地质环境保护与综合治理任务

矿山地质环境保护与治理恢复方案的实施旨在综合治理矿山地质环境，控制或消除矿山存在的地质灾害隐患，恢复矿山建设、生产等活动对地质环境的破坏。结合豁口煤矿矿山地质环境保护与综合治理总目标，矿山地质环境保护与治理恢复任务主要包括：

（1）2011—2015 年任务。

1）恢复原丁家庄煤矿、原核桃沟煤矿废弃工业场地范围内的地形地貌景观，恢复地表植被（$Ⅰ_{56}$、$Ⅰ_{33}$区）。

2）将整合前丁家庄煤矿和桃沟煤矿的两个矸石场进行综合整治（$Ⅰ_{56}$、$Ⅰ_{33}$区）。

3）对整合后工业广场西侧的不稳定斜坡 X_1 进行治理（$Ⅰ_1$区）。

4）对整合前三个煤矿开采形成的采空区进行地表变形监测，恢复地表植被和地形地貌景观（$Ⅰ_{51}$、$Ⅰ_{52}$、$Ⅰ_{53}$区）。

5）对已搬迁的圪垛村和出现房屋裂缝的军地村、下段家凹村、南凹村进行整治（$Ⅰ_{31}$、$Ⅰ_{34}$、$Ⅰ_{35}$区）。

6）5 年适用期一采区开采过程中，地表出现的地裂缝、地面塌陷坑及时进行填埋、平整（$Ⅰ_{54}$区）。

7）减缓含水层破坏、地下水水位下降，提出解决矿区及周围村庄用水问题的具体规划，施工岩溶深井，解决矿区和村庄居民生活用水紧张问题。

8）加强矸石综合利用的研究，减少矸石堆放量；排出矸石分层堆放，避免矸石堆发生滑坡、泥石流等地质灾害（$Ⅰ_2$区）。

9）建立矿山地质环境监测系统及矿区内地质灾害群测群防系统，在 5 年适用期一采区及整合前形成的采空区影响范围内布置监测点。定期对地裂缝、地面塌陷、矿井涌水量、地下水位及水质等进行监测（$Ⅰ_{54}$、$Ⅰ_1$、$Ⅰ_2$、$Ⅰ_{31}$、$Ⅰ_{32}$、$Ⅰ_{33}$区）。

（2）2016 年至矿井闭坑任务。

1）恢复一、二采区开采影响范围内的地表植被、地形地貌景观（$Ⅰ_{55}$、$Ⅰ_{56}$区）。

2）对一、二采区采动破坏引起的地表地面塌陷、地裂缝及时填埋（$Ⅰ_{55}$、$Ⅰ_{56}$区）。

3）对一、二采区煤层采动可能引起的崩塌、滑坡体及时整治（$Ⅰ_{55}$、

I_{56}区）。

4）煤矸石分层堆放，避免矸石堆发生滑坡、泥石流等地质灾害；闭坑后对矸石场进行土地复垦，恢复地表植被（I_2区）。

5）继续开展和加强全矿区的矿山地质环境监测工作（I_{54}、I_{55}、I_{56}区）。

12.8.3 矿山地质环境保护与综合治理工作部署

1. 总体部署

根据不同治理恢复区的矿山地质环境问题类型、强度及其危害程度和前述矿山地质环境保护与治理的目标和任务，按照轻重缓急、分阶段实施的原则合理布设防治措施，力求使本项目造成的地质环境问题得以集中和全面治理，在发挥工程措施控制性和速效性特点的同时，有效减缓地质环境问题，恢复和改善矿区的生态环境。

豁口煤矿为兼并重组整合矿井，设计生产能力提升为60万t/a，服务年限18.6年。根据矿山服务年限和矿山特点，矿山地质环境治理恢复工程总体工作部署分为近期（2011—2015年）、中期（2016—2029年）和远期（2029—2031年）。

（1）近期（2011—2015年）：恢复已废弃工业场地范围内的地形地貌景观，恢复地表植被；为工业场地、村庄、临大公路留设保安煤柱，严禁在保安煤柱范围内开采，确保保护对象安全；对矿区村庄及公路边出现的不稳定陡坎及时进行治理；采空沉陷区地裂缝、塌陷坑及时填埋治理；对已发现的不稳定斜坡等滑坡崩塌易发段进行工程治理；严格按相关技术要求进行排矸场矸石的堆放、处置；合理制定供水计划，保证矿区内村庄正常生活用水；进行矿山地质环境监测。

（2）中期（2016—2029年）：该阶段为煤矿主要生产阶段，对矿区村庄及公路边出现的不稳定陡坎及时进行治理；采空沉陷区地裂缝、地面塌陷坑充填维护；沉陷土地综合整治、植树种草等。定期修编方案，总结前期矿山地质环境治理经验，根据前期矿山地质环境监测数据，布置下一阶段详细恢复、治理工作；继续前期（2011—2015年）已开展的地质环境监测和防治开展工作。

（3）远期（2029—2031年）：该阶段为矿井闭坑后2年，应封闭主井、副井、风井，关闭工业场地等生产场所，对矸石场植被破坏区实施复垦。

2. 近期年度实施计划

根据豁口煤矿基本建设、生产计划和各场地时空变化，遵循保护与治理恢复同主体工程生产建设计划相适应，保护与治理恢复工作同生产建设结合，分清轻重缓急，针对近期5年提出具体实施计划如下：

（1）第一年实施计划（工作布置区域：I_1、I_2、I_{31}、I_{34}、I_{35}、I_{51}、I_{54}区）。

1）对已搬迁的圪垛村进行整治，全部拆除现有房屋建筑、土窑等，防止部分村民回流或外来人口居住危房，彻底消除居住危房隐患，对旧村土地进行初步复垦（I_{54}区）。

2）对整合前豁口煤矿 1989 年以前开采形成的采空区进行地表变形监测，地裂缝、地面塌陷通过就近取土及时填埋，局部平整，恢复地表植被和地形地貌景观（I_{51}区）。

3）妥善解决军地村、下段家凹村、南凹村因采煤造成的房屋裂缝带来的危害及经济损失（I_{31}、I_{34}、I_{35}区）。

4）对工业广场西部的不稳定滑坡进行重新修复，修建护坡，消除崩塌滑坡隐患（I_{1}区）。

5）严格按相关技术要求进行排矸场矸石的堆放、处置（I_{2}区）。

6）着手考察和调研矿区内现有村庄生活饮用水紧张问题，为下一步合理解决矿区内因采煤造成的村庄居民生活用水紧张问题做出规划。

（2）第二年实施计划（工作布置区域：I_{2}、I_{33}、I_{52}、I_{53}、I_{54}、I_{56}区）。

1）对上年度实施计划进行检查和总结，对未完成的上一年度实施计划查明原因，并做出合理的安排和计划。

2）继续开展已有采空区和一采区的各项监测工作，收集矿区内地质环境问题、地质灾害等各类相关信息（I_{52}、I_{53}、I_{54}区）。

3）对矿区内新出现的威胁村庄安全的地裂缝、地面塌陷、滑坡等矿山地质灾害要及时处置，确保不出现房屋严重破坏、财产受到损失。

4）对一采区 10（9＋10）号煤层 2011 年开采形成的地面裂缝进行填埋（I_{54}区）。

5）严格按相关技术要求进行排矸场矸石的堆放、处置（I_{2}区）。

6）对原丁家庄煤矿和桃沟煤矿废弃工业场和矸石场进行整治，恢复地形地貌景观（I_{56}区）。

7）向大同煤矿集团临汾宏大豁口煤业有限公司提交矿区内现有村庄生活饮用水紧张问题的考察和调研结果，提出合理解决矿区内因采煤造成的村庄居民生活用水紧张问题的具体规划。

（3）第三年实施计划（工作布置区域：I_{2}、I_{54}区）。

1）继续开展各项监测工作，保证矿区内地质环境问题、地质灾害等各类相关信息及时准确反馈至管理机构。

2）对一采区 10（9＋10）号煤层 2012 年开采形成的地面裂缝进行填埋（I_{54}区）。

3）开展矿区水文地质调查，慎重选择并施工解决矿区内因采煤造成的村庄居民生活用水紧张问题的岩溶深井，敦促水井施工单位编制解决矿区内因采煤造成的村庄居民生活用水紧张问题的岩溶深井供水井报告，通过对供水井水量、水质分析，结合矿区水文地质条件提出后期供水建议。

4）对矿区内新出现的地裂缝、地面塌陷、滑坡等矿山地质灾害要及时处置。

5）严格按相关技术要求进行排矸场矸石的堆放、处置（$Ⅰ_2$区）。

（4）第四年实施计划（工作布置区域：$Ⅰ_2$、$Ⅰ_4$、$Ⅰ_{54}$、$Ⅰ_{32}$区）。

1）继续开展各项监测工作，保证矿区内地质环境问题、地质灾害等各类相关信息及时准确反馈至管理机构。

2）对一采区 10（9+10）号煤层上年度开采形成的地面裂缝进行填埋，恢复地形地貌景观（$Ⅰ_{54}$区）。

3）对新出现的威胁村庄安全的地裂缝、地面塌陷、滑坡等矿山地质灾害要及时处置，确保不出现房屋严重破坏、财产受到损失（$Ⅰ_{32}$区）。

4）为受采煤影响的临大公路段采取随沉随填垫的措施，确保其运营安全（$Ⅰ_4$区）。

5）严格按相关技术要求进行排矸场矸石的堆放、处置（$Ⅰ_2$区）。

（5）第五年实施计划（工作布置区域：$Ⅰ_2$、$Ⅰ_4$、$Ⅰ_{33}$、$Ⅰ_{54}$区）。

1）继续开展各项监测工作，保证矿区内地质环境问题、地质灾害等各类相关信息及时准确反馈至管理机构。

2）对一采区 10（9+10）号煤层上年度开采形成的地面裂缝进行填埋，恢复地表植被（$Ⅰ_{54}$区）。

3）对矿区内新出现的威胁村庄安全的地裂缝、地面塌陷、滑坡等矿山地质灾害要及时处置，确保不出现房屋严重破坏、财产受到损失（$Ⅰ_{33}$区）。

4）严格按相关技术要求进行排矸场矸石的堆放、处置（$Ⅰ_2$区）。

5）为受采煤影响的临大公路段采取随沉随填垫的措施，确保其运营安全（$Ⅰ_4$区）。

6）根据实际矿山采掘进程及 5 年适用期矿山地质环境监测资料分析，为今后监测、防治计划及编制后期矿山地质环境保护与治理恢复方案提供参考。

12.9　矿山地质环境防治工程

12.9.1　矿山地质环境保护工程

矿山地质环境问题与地质环境条件、采矿活动关系密切，成为制约豁口煤矿煤炭资源可持续开发与矿山地质环境协调发展的重要因素。因此，依据矿山地质环境影响评估结果，结合矿山开采实际情况，提出豁口煤矿矿山地质环境综合防治对策。

1. 保护对象

豁口煤矿矿山地质环境保护工程的保护对象主要有工业场地、临大公路、军地村、核桃凹村、虎狼沟村、下段家凹村、南凹村。

2. 地质灾害预防措施

为确保工业场地和村庄人员安全、矿区交通的正常运营，减轻对村庄建筑物的破坏程度，对工业场地、村庄、临大公路等按《建筑物、水体、铁路及主要井巷煤柱留设与压煤开采规范》留足保护煤柱，严禁在其下部进行煤炭开采。

12.9.2 矿山地质环境治理恢复工程

1. 地面塌陷、地裂缝防治工程

矿山开采引发地面塌陷、裂缝强度破坏的土地利用类型主要为有林地、灌木林地、其他草地。对地面塌陷、裂缝的整治以恢复原有土地功能，提高项目区植被覆盖度，防止水土流失为目的，工程措施以填埋陷坑、裂缝，恢复地表植被为主，具体应根据地形特点选择适宜的方法。对较小的陷坑、裂缝，可就地取土回填、夯实、局部整平；对较大的陷坑、裂缝，可先用废石回填至一定高度后，就近取土局部整平；对于耕地等出现的地裂缝、地面塌陷的治理，以局部整平恢复土地功能为主。矿区地表大范围分布第四系黄土，地裂缝、地面塌陷可就近取土进行填埋、整平，对不同的地类实施的工艺有所不同。

耕地：为了减小损失，一般只对采区实施简单的复垦方法。地裂缝、地面塌陷坑较小时，就近取土填埋、整平，保证其自然排水通畅。

林地、草地：地裂缝、地面塌陷可就近取土填埋、夯实。地面陷坑较大时，填埋后会出现局部洼地，应因地势平整，疏导过水通道。对损坏的果木、草地，适时补栽（种）。

对裸地出现的地裂缝、地面塌陷，可就近利用风化表层填埋地裂缝、地面塌陷坑，疏导过水通道，坡度稍缓处可就近取土覆盖，一般可自然封育，条件较好时可通过人工种植（草、灌木）的办法再造植被。

一般宽度小于100mm的地裂缝为轻微等级，宽度为100～300mm的地裂缝为中等裂缝，宽度大于300mm的地裂缝为严重裂缝。矿区地表大部分被厚层黄土覆盖，其发生的地裂缝多为中等、严重裂缝。

严重地裂缝区域需先填入煤矸石，再将地裂缝两侧表土填入，矸石充填地裂缝的具体流程如下：

（1）先沿着地表裂缝剥离表土，剥离宽度为裂缝两侧各0.3～0.5m，剥离土层就近堆放在裂缝两侧。

（2）充填裂缝、平整土地，可用小平车或小推车向裂缝中倒矸石，当充填高度距地表1m左右时，应开始用木杆做第一次捣实，然后每充填40 cm左右捣实一次，直到略低于原地表，再将之前剥离的表土覆于其上。

2. 崩塌、滑坡防治对策

治理对象主要为工业广场西侧不稳定坡体（X_1）及崩塌、滑坡易发段。可采取清除坡底松散堆积物，修建护坡、排水沟渠等措施。豁口矿区地表绝大部分被黄土覆盖，黄土厚度0～15m，沟谷两侧坡度一般小于40°，自然及采煤影响条件下发生崩塌、滑坡的可能性较小。矿山开采过程中，要对采动引发矿区陡坡崩塌、滑坡易发区段进行监测，清除陡坡上部部分岩土体，减小坡度和上部荷载，提高斜坡稳定性，从而降低危岩（土）体的危险程度。若崩塌、滑坡处于荒山荒沟中，对于人类生产生活没有影响的可不进行治理；但对于影响矿区内居民、堵塞道路的，必须尽早发现及时治理。

3. 地形地貌景观破坏防治对策

治理对象为植被破坏区域。豁口煤矿属于地下井工开采，其对地形地貌景观的破坏或影响主要为采煤引发的地裂缝、地面塌陷、山体滑坡以及煤矸石堆放。矿区内无自然保护区、古建筑遗迹、旅游区等重要视觉影响区。进行治理时各项技术指标应满足有关规定，同时还应考虑必要的水土保持和土壤改良等生态恢复配套措施。矿山绿化应根据当地的实际情况，选择适宜的树种进行多树种混栽。对破坏林地、草地的恢复，宜选择原土地树种、草种种植，以恢复土地功能。推荐种植林木：油松、侧柏，草类以自然养育为主。

4. 矸石场防治对策

矸石场的治理对象主要为整合前原丁家庄煤矿、原核桃沟煤矿开采形成的两处矸石场和整合后工业广场南部统一规划的矸石场。煤矸石分区堆放，从沟头开始，自沟底向上分层堆置、压实，填满一个区后覆土造田，厚度为0.5m，种植树木花草。在生产过程中，为防止排矸场流域上游和坡面产流对煤矸石的冲蚀，应建设拦矸坝、截水沟、排水沟。沿煤矸石场四周设浆砌石截、排水沟，截水沟尺寸0.8m(底)×1.0m(顶)×0.8m(高)，长度200m。

5. 村庄供水方案

可采煤层以上含水层的破坏属于全矿区性的大面积破坏，从生产期间含水层破坏治理恢复的必要性和可行性分析，可采煤层以上含水层破坏后的恢复主要为采矿闭坑后自然恢复，不需要通过专项治理进行恢复。矿方在生产中应加强对井田内及周边村庄水源井的长期观察，如果发现采煤沉陷影响当地居民的饮用水源井，煤矿应采取供水预案向受影响的居民供水。供水预案为距离工业场地近的村庄可直接敷设管道供应自来水；对于距离较远的村庄，由矿上组织送水车，定期向村庄供水。在煤炭开采过程中，要对矿坑排水进行处理，达到标准后回用或排放。建议施工一眼深度65m的奥陶系岩溶裂隙水深井。

12.9.3 矿山地质环境监测工程

1. 地裂缝、地面塌陷监测

(1) 监测内容。采空区影响范围以及评估区范围内煤矿开采引发的地表下沉量、地裂缝、建筑物开裂等。

(2) 监测点布设。根据煤炭开采进度，在区内居民地、工业场地、公路等区域设立长期固定监测点，监测点位置利用全站仪进行定位，所有监测点要求标注在精度不低于1∶5000比例尺的地形图上，在村庄、公路两侧、地面塌陷和地裂缝处设置骑缝式简易观测标志，如打入木桩或地钉拉绳、画线、贴纸条，或水泥砂浆贴片等观测坡体滑移变化情况。根据煤层开采和采区布置，共布设16处观测点。一采区核桃凹村、虎狼沟村、南凹村、下段家凹村各布设1处，临大公路布设3处，预测塌陷变形严重地段布设4处；二采区军地村、中角村各布设1处，工业广场布设1处，临大公路布设2处。

(3) 监测方法。利用国家高程基准，测量仪器采用S3型水准仪配合区格木质双面标尺，直接测量裂缝变化与时间关系。测量一般是在采煤地裂缝处或崩塌滑体裂缝处理设骑缝式简易观测桩，在建筑物上设水泥砂浆片、贴纸片，在岩石、陡壁面裂缝处用红油漆线作为观测标记等，定期用各种长度量具测量裂缝长度、宽度、深度变化及裂缝形态、开裂及延伸方向等。

(4) 监测频率。监测点的监测以定期巡测和汛期强化监测相结合的方式进行。定期巡测一般为每月一次，汛期强化监测将根据降雨强度、监测点的重要性区别对待，一般监测点每周一次，重要监测点每天一次，危险点每天24h值班监测。

2. 崩塌、滑坡监测

(1) 监测内容。潜在的崩塌、滑坡易发段的变形监测。

(2) 监测点布设。可在滑坡和塌陷变形体前缘或后缘处设置骑缝式简易观测标志，如打入木桩或地钉拉绳、画线，或水泥砂浆贴片等观测坡体滑移变化情况。一采区布设5处，二采区布设4处。

(3) 监测方法。工具主要为钢尺、水泥砂浆片等。在崩塌、滑坡裂缝、崩滑面、软弱带上贴水泥砂浆片等，用钢尺定时测量其变化（张开、闭合、位错、下沉等）。该方法简单易行，投入快，成本低，便于普及，直观性强。

(4) 监测频率。每15天一次，若监测发现边坡较稳定，可每月一次；在汛期、雨季、防治措施施工期宜每天一次。

3. 水位、水质监测

(1) 监测内容。主要监测矿区各含水层的地下水位、地下水水质变化情况。

(2) 监测点布设。在矿区布设分层成网的地下水水位监测点14个，水质监测点14个，水井7个，井下排水口2个。

（3）监测方法。利用现有的水井对各层地下水位采用水位计进行监测，应测量静水位、稳定水位埋藏深度与高程。

水质监测是通过采取水样，对其化学成分进行监测，重点对排放污水的污染组分进行检测，水质送专业化验室进行化验。

（4）监测频率。地下水位、水质监测频率均为两个月一次。

4. 地形地貌景观及土地资源监测

（1）监测内容。主要监测植被非自然死亡、退化等植被破坏情况和土壤破坏情况。

（2）监测点布设。一采区设置2个动态观测点，二采区设置1个动态观测点。

（3）监测方法。定期巡查，对破坏范围内的植被破坏情况、土壤破坏情况等进行调查。

（4）监测频率。每月一次。

12.10 保障措施与效益分析

12.10.1 保障措施

1. 组织保障

（1）建立健全矿山地质环境保护与治理恢复工作专职机构。成立以豁口煤矿主要领导为负责人的专职机构，负责对本方案实施的组织管理、行政管理、技术管理和监测管理，专职机构包括生产技术负责人、财务负责人、地质技术负责人等，进行合理分工，各负其责。制定严格的管理制度，使专职机构工作能正常开展，不能流于形式，专职机构要把矿山地质环境保护与治理恢复工作纳入矿山的重要日常工作、把矿山地质环境保护与治理恢复工作落实到矿山生产的每个环节，确保治理效果。

（2）地方国土资源行政主管部门加强监督、检查、指导工作。矿山地质环境保护与治理恢复工作应在地方国土资源行政主管部门监督、检查、指导下开展工作，使矿山地质环境保护与治理恢复工作落到实处，保证方案的顺利实施并发挥积极作用，豁口煤矿应定期向国土资源行政主管部门报告矿山地质环境状况，编制年度矿山地质环境保护与治理恢复工作总结，如实提交各项矿山地质环境监测资料。

2. 技术保障

（1）委托具有地质灾害治理设计资质的单位进行地质灾害治理专项设计。

(2) 委托具有地质灾害防治工程监理资质的单位进行施工监理，确保施工质量、工程进度，控制工程造价。

(3) 通过招标、投标方式，择优选定施工单位，并提交切实可行的施工方案。

(4) 建立健全治理恢复工程档案，档案内容包括：项目申请报告，项目审批报告，施工图设计，招标、投标合同书，财务预算、决算报告，审计报告，监理报告，竣工报告，项目验收申请报告等。

3. 资金保障

(1) 按照“谁开发、谁保护，谁破坏、谁治理”的原则落实资金。按照“谁开发、谁保护，谁破坏、谁治理”的原则，矿山地质环境保护与治理恢复费用全部由豁口煤矿承担。

(2) 按照国家及地方有关规定缴存矿山地质环境治理恢复保证金。矿方应当依照国家及地方有关规定，按时、足额缴存矿山地质环境治理恢复保证金，缴存标准和缴存办法按照山西省的规定执行，矿山地质环境治理恢复保证金的缴存数额不得低于矿山地质环境治理恢复所需费用。

(3) 资金专户存储、专款专用。矿山地质环境治理恢复保证金遵循企业所有、政府监管、专户存储、专款专用，矿山地质环境治理恢复工程所发生的一切费用，必须有相关部门提供的经费使用情况财务报告和审计报告。

12.10.2 效益分析

1. 社会效益分析

开展矿山地质环境保护与治理恢复可以有效避免和预防矿区内因采煤引发的地质灾害，解决矿区内因采煤造成的含水层破坏给村庄居民生活用水带来的紧张问题，可有效避免并解决因矿山开发产生的一系列地质环境问题给当地居民生产生活带来的严重影响和危害，可避免因矿山开发产生的一系列地质环境问题引起群众性上访事件的社会问题，有效促进当地和谐社会的建设与发展。因此，矿山地质环境保护与治理恢复工程是保证矿区经济可持续发展的重要组成部分，可保证社会和谐发展与安定团结，实现以人为本的经济社会目标，具有潜在和现实的巨大社会效益。

2. 环境效益分析

煤矿开采造成的地表强烈变形，引起地裂缝、地面塌陷，其结果可导致矿区内岩土侵蚀加剧，使得矿区内水土流失更为强烈、土壤进一步趋于沙化，造成土地荒漠化而贫瘠；加之煤矿废、污水的排放，煤矸石的堆放导致水土污染，矿山生态环境将遭受严重破坏。开展矿山地质环境保护与治理恢复可以有效改善矿山地质环境条件，使得因采矿引发的地裂缝、地面塌陷、崩塌、滑坡以及地形地貌景观的破坏得到治理与恢复，同时配合矿山环境影响评价与治理、矿山土地复垦工程，对矿山环境进行综合治理，裂缝、塌陷得到填充，崩塌、滑坡得到治理，破损山体得到基本恢复，土地得到平整复垦，土壤得到改善，地面林草植被增加，水土得于保持，环境得到美化，具有显著的生态与环境效益。

3. 经济效益分析

矿山地质环境保护与治理恢复工程是以保护矿山地质环境、减少矿产资源勘查开采活动造成的矿山地质环境破坏、保护人民生命和财产安全、促进矿产资源的合理开发利用和经济社会与资源环境的协调发展为目的，是通过防灾减灾、避免人员伤亡及人民财产遭受损失达到减灾经济效益，尽管其没有体现出增值经济效益，但具有显著的、无法估量的减灾经济效益。

12.11　结论与建议

12.11.1　结论

（1）豁口煤矿矿山地质环境条件复杂程度属于“复杂”，矿山生产建设规模为“中型”，评价区重要程度属“重要区”。对照《矿山地质环境保护与恢复治理方案编制规范》附录 A 表 A，确定豁口煤矿矿山地质环境影响评估精度分级为“一级”。

（2）现状条件下，矿业活动产生的地质灾害主要是地裂缝、地面塌陷，造成耕地破坏、民房裂缝，地质灾害对矿山地质环境的影响程度为严重；由于采煤形成了三带（冒落带、裂隙带和弯沉带），矿床充水主要含水层结构遭到破坏和改变，产生导水通道，采煤排水基本疏干了采空区煤层以上碎屑岩类孔隙裂隙水，现状矿山含水层破坏影响程度严重；本矿为地下开采，矿区内采矿对原生的地形地貌景观影响和破坏程度较大，现状矿山地形地貌景观影响程度较严重；现状矿山土地资源破坏影响程度严重。对照《矿山地质环境保护与恢复治理方案编制规范》附录 E，现状条件下，豁口煤矿采矿活动对矿山地质环境的影响程度为“严重”。

（3）预测评估认为，随着煤层采空后面积不断扩大，地表会出现严重变形，地裂缝、地面塌陷发育，并诱发崩塌、滑坡，地质灾害对矿山地质环境的影响程度为严重；随着煤层采空后面积不断扩大，大面积的可采煤层以上含水层结构遭到破坏和改变，采煤排水基本疏干了采空区煤层以上碎屑岩类孔隙裂隙水，预测矿山含水层破坏影响程度严重；根据现状矿山活动对地质地貌景观的破坏，预测矿山活动对地形地貌景观破坏影响程度较严重；随着矿区的不断开采，矿山活动对土地资源影响与破坏总面积将远大于 $20hm^2$，而下组煤层的开采将进一步加剧地表变形的程度，预测矿山土地资源破坏影响程度严重。

（4）根据豁口煤矿矿山地质环境保护与治理恢复分区原则，结合矿山地质环境问题的具体情况和矿山地质环境问题的发展变化趋势，考虑矿山地质环境问题的危害性、矿山地质环境的可恢复性、矿山地质环境治理恢复的可行性及可操作性，将豁口煤矿矿山地质环境保护与治理恢复划分为矿山地质环境保护与治理恢复重点防治区（Ⅰ）。

（5）依据矿山地质环境综合评估结果，结合矿山服务年限和开采计划，参照相关法律法规及技术规程，制定了豁口煤矿矿山地质环境保护与综合治理原则，确定了矿山地质环境保护与综合治理目标和任务，对豁口煤矿矿山地质环境保护与综合治理恢复进行了总体工作部署，重点对5年适用期限内（2011—2015年）实施进度进行了安排。

（6）根据矿山地质环境保护与治理恢复原则、目标、任务、部署，提出了以下措施：地面塌陷可依照矿山土地复垦要求进行恢复；采用填埋法进行地裂缝的治理；结合地形条件，采取放坡和增加放坡阶段平台宽度，削方减载，降低下滑力，设置排水设施（每级阶段平台均需设置排水明渠，防止或减少降水渗入坡体、冲刷坡面）是矿区滑坡地质灾害防治的主要措施；可采煤层以上含水层破坏后的恢复主要为采矿闭坑后自然恢复，不需要通过专项治理进行恢复，豁口煤矿应在细致调研的基础上，合理制定施工深井供水计划，妥善解决因出现连续干旱年份给矿区内村庄人居正常生活用水造成困难的问题；矿区内采矿对原生的地形地貌景观影响和破坏程度较大，通过裂缝填埋、土地复垦、植树种草等进行地形地貌景观恢复。矿山地质环境监测工程监测内容包括：①采空区地面地裂缝、地面塌陷变形的监测；②村庄房屋、公路及其他建筑设施的变形监测；③滑坡、崩塌点的监测；④地下水的水位、水质、水温变化情况监测。

12.11.2 建议

（1）豁口矿方在进行矿山地质环境保护与治理恢复过程中，要不断积累资料，为下一步方案的编制提供可靠数据，为政府部门制定矿山地质环境保护与治理恢复政策提供可靠数据，为其他矿山进行同类治理工程提供借鉴。

（2）豁口矿方在实际的治理过程中，要明确责任，落实到位。确实将环境保护与治理工作落到实处，做到可持续发展。

（3）建议矿方对煤矸石进行合理利用，减少土地占用；煤矸石处置按《煤矿矸石山灾害防范与治理工作指导意见》（安监总煤矿字〔2005〕162号）和《一般工业固体废物贮存、处置场污染控制标准》（GB 18599—2001）进行堆放、处置。

（4）建议矿方在治理时委托有资质的单位进行治理工程施工设计方案的编制。

第13章 山西煤矿区水环境及地质环境保障措施

13.1 改革水资源管理体制，切实加强煤矿区水资源的统一管理

山西省现行的流域水资源管理体制实质上是流域水资源管理、开发、利用决策的分散化体制。在这种状况下，出现了各个煤矿区水资源严重破坏和污染，流域水生态环境严重恶化。因此，为改善山西煤矿区水生态环境状况，促进流域水资源的统一管理和优化配置，保障水资源的可持续利用，就必须改革现行水资源管理体制，建立权威、高效、协调的新型流域水资源管理体制。

13.2 健全水资源管理法规体系，加大水行政执法力度

统一的水资源法律制度，是依法治水、保障水资源可持续利用、恢复和保护水生态环境的基本前提。建立统一的水资源管理法规体系关键是规范和加强国家和地方的水资源立法，树立国家法律法规的权威性，对相互矛盾、相互冲突的部门规章和地方法规、规章加以必要的修订。同时，还应制定和完善相应的配套法规和规章。

13.3 实行煤炭分区开采的管理制度

煤炭分区开采的管理制度可以针对煤矿区水生态环境的破坏程度实施相应的保护措施，它需要对山西省所有的煤炭资源产地进行实地的科学勘查，依据勘查数据和当地的实际状况将山西的煤矿进行合理分类。总的来说，煤炭的分区开采虽然实施起来较为麻烦，但是会对相关水生态环境及水资源保护起到非常重要的作用。结合山西省煤矿状况，一般分为以下三类进行管理。

1. 禁止开采区

禁止开采区是对于那些水生态环境已经遭受到严重破坏的地区而言的，特别是山西的一些岩溶泉域。这些地区如果继续进行煤炭资源的开采，可能会使水生态环境直接崩溃，因此对于这些地区必须严禁任何开采行为。水资源作为

水生态环境的一个重要因素，也应该在划分禁止开采区时予以特别的关注，如城市集中供水水源地等重要泉域，应该禁止煤炭资源的开采，防止相应的水资源破坏。此外，还应该将一些特殊的区域列入禁止开采区。例如，出于安全的考虑，应该将地质危险区划分到禁止开采区中；还有出于水生态环境保护方面的考虑，也将自然保护区列入禁止开采区等。

2. 限制开采区

限制开采区是对那些水生态环境已经遭受到一定程度的破坏但是还没有濒临崩溃的区域而言的。如果在这些地区继续肆意地进行煤炭开采将会使水生态环境快速恶化，甚至崩溃。因此在这些地区进行煤炭资源开采时，必须考虑水生态环境的承受能力而进行限制，如控制开采规模、开采深度等。对水资源而言，地下水补给区等较为重要的区域，应该划分到限制开采区中。同时，在这些地区要根据当地的实际情况，详细规定开采规模、深度、层面等问题，以保护相关的水资源。

3. 依法开采区

依法开采区是对那些水生态环境到目前为止还没有受损或者受损并不严重的地区而言的。如果依法进行开采不会对当地的水生态环境造成不利影响，可以按照有关法律法规依法进行开采。依法开采区的认定同样需要将水生态环境及水资源保护考虑到其中，不能使当地水资源的损耗影响到矿区的生态用水和居民的生产生活用水。

13.4 完善水生态环境补偿制度

山西煤矿区的水生态补偿机制到目前为止是亟待完善的。体现在法律法规上，一是缺少专项立法，二是缺少相应的实施细则。这就要求山西尽快出台相关的法律法规，对整个煤矿区水生态环境补偿机制加以完善。水生态环境补偿机制的有效实施必须得有充足的资金作为保障。因此，山西应建立煤矿区水生态环境补偿和治理恢复的专项资金，确保专款专用，实现对受损的水生态环境进行治理恢复。水生态环境补偿和治理恢复专项资金的主要来源是政府的财政支出、征收税费、向开采企业征收水生态环境补偿费。显然，以往征收水生态环境补偿税费的力度是不够的，现行的资源税要进一步调整，应提高矿产资源税率，扩大征收范围。煤炭资源税的标准要适当提高，征收煤炭资源税及水生态环境补偿费不是按销售量来计算，而应按企业对煤炭资源的占有量、对环境资源的开发利用程度及对水生态环境造成的破坏程度来计算，这样的征收标准不仅更合理，而且还可以促使煤炭企业提高资源回采率，减少资源浪费，改变粗放式的开采，重视矿区水生态环境的保护。

13.5 政府调控与市场机制相结合，努力增加水生态环境投入

积极运用债券和证券市场，扩大煤矿区水生态环境保护筹资渠道。发挥信贷政策的作用，鼓励商业银行在确保信贷安全的前提下，积极支持水污染治理和水生态环境保护项目；政策性银行要积极支持水生态环境保护项目。积极稳妥地推进水生态环境保护方面的税费改革。对煤矿企业，实施污染物排放总量收费制度，合理确定收费标准，调动企业治理污染的积极性。同时，煤炭企业是煤炭资源开发水生态环境补偿的重要主体，企业必须自觉承担起解决其在资源开采过程引起的各种水生态环境问题的责任。大力推行煤炭资源的有偿使用，向开采企业收取矿产资源费以促进企业提高煤炭资源的回采率，并减少对资源过度开采的行为；征收煤炭资源开发的水生态环境补偿费，依据山西的实际情况，合理征收一定额度的水生态环境补偿费，成立专项基金，专门用于矿山水生态环境的修复治理工作。另外，社会融资也是一个不容忽视的重要渠道。设立社会公众基金，接受社会各界人士的捐款以及国际上的援助，通过公益性部门吸引国际组织、外国政府、单位的捐款和援助。

13.6 加强环境宣传教育，提高全民环境意识

开展煤矿区水生态环境普法教育和警示教育，增强公众的环境法制观念和维权意识。把各级领导干部和企业经营管理人员作为水生态环境宣传教育的重点，提高各级领导干部的水生态环境意识和环境与发展综合决策能力。水生态环境宣传教育要向农村扩展，逐步提高广大农民的环境意识。加大新闻媒体水生态环境宣传和舆论监督力度，建立舆论监督和公众监督机制。规范水生态环境信息发布制度，依法保障公众的环境知情权。加强水生态环境信访工作，维护公民环境权益。鼓励公众自觉参与环保行动和环保监督，开展社区环保活动，倡导绿色文明，推行绿色消费。

13.7 建立水资源动态监控系统，实现水资源管理现代化

水资源管理的有效性和可利用性是实施对水资源动态的、实时的、优化的配置，其基础是大量水资源数据的获取、动态水资源特征的监测、实时水资源信息的处理和综合分析。因此，利用计算机技术、遥感技术、通信技术等现代化技术手段，建立覆盖全煤矿区的水资源动态监测系统，是流域水生态恢复管

理不可缺少的技术基础和先决条件，也是实现煤矿区水生态环境管理现代化的必然趋势。

13.8 加强闭坑煤矿区酸性矿井水的处理，避免水环境恶化

山西泉域岩溶水与煤层共生，很多煤矿的煤层带压，几乎每个泉域的煤层开采都会对岩溶水产生影响。伴随煤矿开采与闭坑后产生的酸性矿井水问题，泉域水生态环境十分脆弱。面对这种水煤共存的局面，在闭坑煤矿酸性矿井水引起岩溶水污染的认识和管理方面还有很多工作要做。酸性矿井水引起岩溶水的污染问题是不利的和长久的。如果大面积形成污染，治理难度就很大。特别是煤矿废弃和闭坑后，随着采空区矿井水水位的上升及水量的增多，对下部岩溶水的潜在威胁将会更大，这些问题必须引起山西省各级政府管理部门、煤矿企业及学者们的高度重视。实际上，处理闭坑酸性矿井水是一个世界性的难题，解决山西泉域闭坑酸性矿井水问题将有助于正在进行的全球酸性矿井水讨论。鉴于山西闭坑煤矿区酸性矿井水量逐渐增多的趋势，必须加强对这些区域内酸性矿井水的处理，从而避免水环境恶化。根据目前国内外对矿井水的处理理论，山西闭坑煤矿区酸性矿井水可通过如下技术方法进行处理。

1. 中和法

中和法主要是利用酸碱中和反应降低水的酸性，向需要处理的水中加入碱性物质，降低酸性的同时使溶液中的低溶解度的金属离子沉淀物析出，常用的中和物质是石灰或石灰石。中和法的优势是对中和物质直径大小没有限制，操作实施简单，成本花费相对节约；劣势是设备庞大杂乱，中和反应后的生成物与过量的反应物不容易分离，容易造成二次污染。

2. 微生物法

微生物法是利用特定微生物菌种的分解能力，将酸性水中某些污染因子作为生存代谢的养料进行分解，同时产生容易分离的产物进行净化处置。利用微生物处置的优点是成本低，对环境不造成影响，成效显著，处置后不会生成其他污染物，其次微生物能很好地适应环境变化；缺点是净化速率较低，扩大反应空间的同时成本随之增加，污水中可能会含有阻碍微生物代谢活动的特征离子，如 Pb^{2+}、Zn^{2+}。

3. 人工湿地法

人工湿地法的作用原理是在一片规划区域内放置土壤、砂石、煤渣等多种物质的混合填充物，同时种植一些特定水生植物，主要是物理吸附、化学沉降、微生物代谢作用、植物的代谢和吸收等共同作用的结果。人工湿地净化的特点

是能持续保持净化效果，投资成本低，处理间断性酸性水效果更佳，如果建设良好还能作为观赏景观；其不足之处在于处理的水 pH 值大于 4.0，净化酸性水速率相对较低，周期较长。

4. 粉煤灰处理法

粉煤灰处理法处理酸性水主要是通过它的中和作用和吸附作用。净化程度取决于粉煤灰的类型、酸性水的强弱、反应方式、接触反应时间等多种因素。目前利用粉煤灰处理酸性水还处于研究阶段，灰水分离速度还没有达到实践标准，其吸附容量还有待提高。当然，这种方法有以废治废的好处，同时粉煤灰成本较低，也易获取。

5. 可渗透性反应墙

可渗透性反应墙与其他方法有所区别，它能做到现场原位处理，主要结构是在酸性矿井水流经的区域设置一道渗透性反应墙，利用生物、化学、物理等多种作用达到净化的目的。反应墙的结构成分组成应根据处理对象的污染因子具体分析，同时要考虑反应墙的净化使用寿命以及对区域环境的影响。

参 考 文 献

[1] Babadagli T. Fractal analysis of 2-D fracture networks of geothermal reservoirs in south - western Turkey [J]. Journal of Volcanology and Geothermal Research, 2001, 112: 83 - 103.

[2] Booth C J, Spande E D. Potentiometric and aquifer property changes above subsiding longwall mine panels, Illinois Basin coalfield [J]. Groundwater, 1992, 30 (3): 362 - 368.

[3] Booth C J. Confined - unconfined changes above longwall coal mining due to increases in fracture porosity [J]. Environmental & Engineering Geoscience, 2007, 13 (4): 355 - 367.

[4] Booth C J. Strata - movement concepts and the hydrogeological impact of underground coal mining [J]. Groundwater, 1986, 24 (4): 507 - 515.

[5] Cheng X, Zhao G, Li Y, et al. Researches of fracture evolution induced by soft rock protective seam mining and an omni - directional stereo pressure - relief gas extraction technical system: a case study [J]. Arabian Journal of Geosciences, 2018, 11: 326.

[6] Lines G C. Ground - water system and possible effects of underground coal mining in the Trail Mountain Area, Central Utah [J]. US Geological Survey Water Supply Paper, 1985, 22 (59): 5 - 30.

[7] Lu Y, Wang L. Numerical simulation of mining - induced fracture evolution and water flow in coal seam floor above a confined aquifer [J]. Computers and Geotechnics, 2015, 67: 157 - 171.

[8] Malucha P, Rapantova N. Impact of underground coal mining on quaternary hydrogeology in the czech part of the upper silesian coal basin [J]. International Multidisciplinary Scientific GeoConference Surveying Geology and Mining Ecology Management, SGEM, 2013, 1: 507 - 514.

[9] Mandelbrot B B. The fractal geometry of nature [M]. New York: W. H. Freeman & Co. , 1983, 468.

[10] Poulsen B A, Adhikary D, Guo H. Simulating mining - induced strata permeability changes [J]. Engineering Geology, 2018, 237: 208 - 216.

[11] Sofianos A I. Analysis and design of an underground hard rock Voussoir beam roof [J]. International Journal of Rock Mechanics & Geomechanics Abstracts, 1996, 33: 153 - 166.

[12] Stoner J D. Probable hydrologic effects of subsurface mining [J]. Groundwater Monitoring Review, 1983, 5 (1): 51 - 57.

[13] Zhang R, Ai T, Zhou H, et al. Fractal and volume characteristics of 3D mining - induced fractures under typical mining layouts [J]. Environmental Earth Sciences, 2015, 73: 6069 - 6080.

[14] Zhang Y, Cao S, Guo S, et al. Mechanisms of the development of water - conducting fracture zone in overlying strata during shortwall block backfill mining: a case study in Northwestern China [J]. Environmental Earth Sciences, 2018, 77: 543.

[15] Zhang Y, Xu Y, Wang K, et al. The fracturing characteristics of rock mass of coal min-

ing and its effect on overlying unconsolidated aquifer in Shanxi，China [J]. Arabian Journal of Geosciences，2018，11：666.

[16] Zhang Z，Xu Y，Zhang Y，et al. Review：Karst springs in Shanxi，China [J]. Carbonates Evaporites，2019，34 (4)：1213-1240.

[17] 曹金亮，王润福，张建萍，等. 山西省矿山环境地质问题及其研究现状 [J]. 地质通报，2004，23 (11)：1119-1126.

[18] 曹胜根，姚强岭，王福海，等. 承压水体上采煤底板突水危险性分析与治理 [J]. 采矿与安全工程学报，2010，27 (3)：346-350.

[19] 陈崇希，唐仲华，胡立堂. 地下水流数值模拟理论方法及模型设计 [M]. 北京：地质出版社，2014.

[20] 陈时磊，武强，赵颖旺，等. 基于矿井生产进度疏干条件下三维地下水数值模拟 [J]. 中国煤炭，2014，40 (8)：45-49.

[21] 崔广心. 相似理论与模型试验 [M]. 徐州：中国矿业大学出版社，1990.

[22] 邓强伟，张永波. 大恒煤矿开采对地下水疏干的影响 [J]. 水土保持通报，2014，34 (6)：123-125.

[23] 董东林，武强，钱增江，等. 榆神府矿区水环境评价模型 [J]. 煤炭学报，2006，31 (6)：776-780.

[24] 段永侯，罗元华，柳源. 中国地质灾害 [M]. 北京：中国建筑工业出版社，1993.

[25] 范堆相. 山西省水资源评价 [M]. 北京：中国水利水电出版社，2005.

[26] 范钢伟，张东升，陈铭威，等. 采动覆岩裂隙体系统耗散结构特征与突变失稳阈值效应 [J]. 采矿与安全工程学报，2019，36 (6)：1093-1101.

[27] 范立民. 陕北地区采煤造成的地下水渗漏及其防治对策分析 [J]. 矿业安全与环保，2007，34 (5)：62-64.

[28] 冯锦艳，刘旭杭，于志全. 大倾角煤层采动裂隙演化规律 [J]. 煤炭学报，2017，42 (8)：1971-1978.

[29] 葛民荣，刘鸿福，吕义清. 西山煤田古交矿区地质灾害分析 [J]. 太原理工大学学报，2005，36 (4)：466-469.

[30] 顾大钊，张建民. 西部矿区现代煤炭开采对地下水赋存环境的影响 [J]. 煤炭科学技术，2012，40 (12)：114-117.

[31] 郭维君，崔晓艳，肖桂元，等. 矿山地质灾害主要类型及防治对策研究 [J]. 金属矿山，2010，(8)：148-152.

[32] 国家安全监管总局，等. 建筑物、水体、铁路及主要井巷煤柱留设与压煤开采规范 [M]. 北京：煤炭工业出版社，2017.

[33] 国家安全生产监督管理总局，国家煤矿安全监察局. 煤矿防治水规定 [M]. 北京：煤炭工业出版社，2009.

[34] 韩宝平，郑世书，谢克俊，等. 煤矿开采诱发的水文地质效应研究 [J]. 中国矿业大学学报，1994，23 (3)：70-77.

[35] 韩行瑞，鲁荣安，李庆松，等. 岩溶水系统——山西岩溶大泉研究 [M]. 北京：地质出版社，1993.

[36] 何芳，徐友宁，乔冈，等. 中国矿山环境地质问题区域分布特征 [J]. 中国地质，2010，37 (5)：1520-1529.

[37] 何万龙. 山区开采沉陷与采动损害 [M]. 北京：中国科学技术出版社，2003.

[38] 纪万斌. 塌陷学概论 [M]. 北京：中国城市出版社，1994.

[39] 焦阳，白海波，张勃阳，等. 煤层开采对第四系松散含水层影响的研究 [J]. 采矿与安全工程学报，2012，29 (2)：239-244.

[40] 景继东，施龙青，李子林，等. 华丰煤矿顶板突水机理研究 [J]. 中国矿业大学学报，2006，35 (5)：642-647.

[41] 兰荣辉，雷俊琴，郑秀清，等. 煤炭开采对多层含水系统水位动态的影响分析 [J]. 煤矿开采，2014，19 (3)：40-43.

[42] 李恩来，李晶，余洋，等. 济宁市煤矿开采诱发的水环境问题探讨 [J]. 金属矿山，2013，(5)：139-143.

[43] 李宏艳，王维华，齐庆新，等. 基于分形理论的采动裂隙时空演化规律研究 [J]. 煤炭学报，2014，39 (6)：1023-1030.

[44] 李鹏强，张永波. 开滦集团北阳庄煤矿开采对地下水资源的影响研究 [J]. 科技情报开发与经济，2012，22 (1)：122-124.

[45] 李平，郭会荣，吴孔军，等. 王河煤矿矿井涌水量数值模拟及预测 [J]. 地球科学——中国地质大学学报，2011，36 (4)：755-760.

[46] 李全生，张忠温，南培珠. 多煤层开采相互采动的影响规律 [J]. 煤炭学报，2006，31 (4)：425-428.

[47] 李树刚，丁洋，安朝峰，等. 近距离煤层重复采动覆岩裂隙形态及其演化规律实验研究 [J]. 采矿与安全工程学报，2016，33 (5)：904-910.

[48] 李涛，李文平，常金源，等. 陕北近浅埋煤层开采潜水位动态相似模型试验 [J]. 煤炭学报，2011，36 (5)：722-726.

[49] 李向阳，李俊平，周创兵，等. 采空场覆岩变形数值模拟与相似模拟比较研究 [J]. 岩土力学，2005，26 (12)：1907-1912.

[50] 李振华，丁鑫品，程志恒. 薄基岩煤层覆岩裂隙演化的分形特征研究 [J]. 采矿与安全工程学报，2010，27 (4)：576-580.

[51] 李枝荣. 采煤沉陷区土地复垦与生态恢复 [M]. 北京：中国科学技术出版社，2007.

[52] 李治邦，张永波. Visual Modflow 在煤矿开采地下水数值模拟中的应用 [J]. 矿业安全与环保，2014，41 (4)：63-65.

[53] 栗东平，周宏伟，薛东杰，等. 煤岩体采动裂隙网络的逾渗与分形特征关系研究 [J]. 岩土力学，2015，36 (4)：1135-1140.

[54] 梁涛，刘晓丽，王思敬. 采动裂隙扩展规律及渗透特性分形研究 [J]. 煤炭学报，2019，44 (12)：3729-3739.

[55] 刘建庄，李建民，耿清友，等. 区域采动裂隙实测与演化模拟 [J]. 辽宁工程技术大学学报 (自然科学版)，2018，37 (1)：49-55.

[56] 刘瑾，孙占法，张永波. 采深和松散层厚度对开采沉陷地表移动变形影响的数值模拟研究 [J]. 水文地质工程地质，2007 (4)：88-93.

[57] 刘强，张永波，张志祥，等. 煤矿酸性老空水形成机制及其处置技术研究 [J]. 煤炭技术，2017，36 (10)：163-165.

[58] 刘天泉，等. 煤矿地表移动与覆岩破坏规律及其应用 [M]. 北京：煤炭工业出版社，1981.

[59] 刘秀英，张永波. 采空区覆岩移动规律的相似模拟实验研究 [J]. 太原理工大学学报，2004，35 (1)：29-32.
[60] 刘英锋，王世东，王晓蕾. 深埋特厚煤层综放开采覆岩导水裂缝带发育特征 [J]. 煤炭学报，2014，39 (10)：1970-1976.
[61] 陆家河，舒征山. 煤矿开采对含水层破坏模数的计算——以太原西峪煤矿为例 [J]. 中国煤田地质，2004，16 (增刊)：63-65.
[62] 陆远昭，赵志怀，陆家河，等. 山西煤水资源合理开发与保护研究 [M]. 北京：煤炭工业出版社，2012.
[63] 马亚杰，武强，章之燕，等. 煤层开采顶板导水裂隙带高度预测研究 [J]. 煤炭科学技术，2008，36 (5)：59-62.
[64] 孟召平，高延法，卢爱红，等. 第四系松散含水层下煤层开采突水危险性及防水煤柱确定方法 [J]. 采矿与安全工程学报，2013，30 (1)：23-29.
[65] 牛仁亮. 山西煤炭开采对水资源的破坏影响及评价 [M]. 北京：中国科学技术出版社，2003.
[66] 钱鸣高，缪协兴，许家林，等. 岩层控制的关键层理论 [M]. 徐州：中国矿业大学出版社，2000.
[67] 钱鸣高，许家林. 覆岩采动裂隙分布的“O”形圈特征研究 [J]. 煤炭学报，1998，23 (5)：466-469.
[68] 邵改群. 山西煤矿开采对地下水资源影响评价 [J]. 中国煤田地质，2001，13 (1)：41-43.
[69] 施龙青，辛恒奇，翟培合，等. 大采深条件下导水裂隙带高度计算研究 [J]. 中国矿业大学学报，2012，41 (1)：37-41.
[70] 时红，张永波. 论煤炭开采对地下水资源量的破坏影响 [J]. 山西科技，2011，26 (1)：36-38.
[71] 宋白雪，陈立，张发旺，等. 分形理论研究采动裂隙演化规律 [J]. 工程勘察，2017 (1)：1-6.
[72] 孙光中，高新春，韦志东. 巨厚煤层开采覆岩运动规律模拟 [J]. 煤矿安全，2010 (7)：71-73.
[73] 孙洪星，童有德，邹人和. 煤矿区水资源的保护及污染防治 [J]. 中国煤炭，2000，26 (3)：9-11.
[74] 王创业，张琪，李俊鹏，等. 近浅埋煤层重复采动覆岩裂隙发育相似模拟 [J]. 煤矿开采，2017，22 (6)：78-81.
[75] 王国艳，于广明，于永江，等. 采动岩体裂隙分维演化规律分析 [J]. 采矿与安全工程学报，2012，29 (6)：859-863.
[76] 王洪亮，李维均，陈永杰. 神木大柳塔地区煤矿开采对地下水的影响 [J]. 陕西地质，2002，20 (2)：89-96.
[77] 王继康，等. 泥石流防治工程技术 [M]. 北京：中国铁道出版社，1996.
[78] 王家臣，王兆会. 综放开采顶煤裂隙扩展的应力驱动机制 [J]. 煤炭学报，2018，43 (9)：2376-2388.
[79] 王树玉. 煤矿五大灾害事故分析和防治对策 [M]. 徐州：中国矿业大学出版社，2006.
[80] 王栓林，赵晶，张礼. 申南凹煤矿顶板采动裂隙发育数值模拟研究 [J]. 煤矿安全，2019，50 (10)：231-234.

[81] 王晓振，许家林，朱卫兵，等. 覆岩结构对松散承压含水层下采煤压架突水的影响研究 [J]. 采矿与安全工程学报，2014，31 (6)：838-844.

[82] 吴玉生，赵亚平，杨亚静. 煤矿开采对地下水资源的影响 [J]. 能源环境保护，2004，18 (6)：1-3.

[83] 武强，陈奇. 矿山环境治理模式及其适用性分析 [J]. 水文地质工程地质，2010，37 (6)：91-96.

[84] 武强，董东林，傅耀军，等. 煤矿开采诱发的水环境问题研究 [J]. 中国矿业大学学报，2002，31 (1)：19-22.

[85] 武强，李博，刘守强，等. 基于分区变权模型的煤层底板突水脆弱性评价——以开滦蔚州典型矿区为例 [J]. 煤炭学报，2013，38 (9)：1516-1521.

[86] 夏筱红，隋旺华，杨伟峰. 多煤层开采覆岩破断过程的模型试验与数值模拟 [J]. 工程地质学报，2008，16 (4)：528-532.

[87] 谢和平，于广明，杨伦，等. 采动岩体分形裂隙网络研究 [J]. 岩石力学与工程学报，1999，18 (2)：147-151.

[88] 徐友宁，李智佩，陈华清，等. 生态环境脆弱区煤炭资源开发诱发的环境地质问题——以陕西省神木县大柳塔煤矿区为例 [J]. 地质通报，2008，27 (8)：1344-1350.

[89] 许国胜，李回贵，关金锋. 水体下开采覆岩破断及裂隙演化规律 [J]. 煤矿安全，2018，49 (4)：42-45.

[90] 许家林，王晓振，刘文涛，等. 覆岩主关键层位置对导水裂隙带高度的影响 [J]. 岩石力学与工程学报，2009，28 (2)：380-385.

[91] 许家林，朱卫兵，王晓振. 松散承压含水层下采煤突水机理与防治研究 [J]. 采矿与安全工程学报，2011，28 (3)：333-339.

[92] 许志峰，张志祥，刘晓霞. 曲堤煤矿开采对地下水环境影响评价研究 [J]. 地下水，2014，36 (1)：4-5.

[93] 薛禹群，谢春红. 地下水数值模拟 [M]. 北京：科学出版社，2007.

[94] 杨策，钟宁宁，陈党义，等. 煤炭开发影响地下水资源环境研究一例——平顶山市石龙区贫水化原因分析 [J]. 能源环境保护，2006，20 (1)：50-52.

[95] 于广明，杨伦，苏仲杰，等. 地层沉陷非线形原理、监测与控制 [M]. 长春：吉林大学出版社，2000.

[96] 余中元，帕拉提·阿不都卡迪尔，吴现兴，等. 新疆矿山环境地质问题及其治理对策 [J]. 自然灾害学报，2007，16 (4)：66-69.

[97] 张发旺，李铎，赵华. 煤矿开采条件下地下水资源破坏及其控制 [J]. 河北地质学院学报，1996，19 (2)：115-119.

[98] 张凤娥，刘文生. 煤矿开采对地下水流场影响的数值模拟——以神府矿区大柳塔井田为例 [J]. 安全与环境学报，2002，2 (4)：30-33.

[99] 张和生，赵勤正，王智. 采矿引起的地质灾害及其对矿区生态环境的影响 [J]. 太原理工大学学报，2000，31 (1)：97-100.

[100] 张建国. 平煤超千米深井采动应力特征及裂隙演化规律研究 [J]. 中国矿业大学学报，2017，46 (5)：1041-1049.

[101] 张建全，闫保金，廖国华. 采动覆岩移动规律的相似模拟实验研究 [J]. 金属矿山，2002 (8)：10-13.

[102] 张丽萍，唐克丽. 矿山泥石流 [M]. 北京：地质出版社，2001.

[103] 张茂省，董英，杜荣军，等. 陕北能源化工基地采煤对地下水资源的影响及对策 [J]. 地学前缘，2010，17 (6)：235-246.

[104] 张永波，靳钟铭，刘秀英. 采动岩体裂隙分形相关规律的实验研究 [J]. 岩石力学与工程学报，2004，23 (20)：3426-3429.

[105] 张永波，刘秀英. 采动岩体裂隙分形特征的实验研究 [J]. 矿山压力与顶板管理，2004，21 (1)：94-95.

[106] 张永波，张志祥，时红，等. 矿山地质灾害与地质环境 [M]. 北京：中国水利水电出版社，2018.

[107] 张永国，吕义清. 山西采煤地质灾害特征及经济分析 [J]. 生产力研究，2006 (8)：107-108.

[108] 张勇，张保，张春雷，等. 厚煤层采动裂隙发育演化规律及分布形态研究 [J]. 中国矿业大学学报，2013，42 (6)：935-940.

[109] 张勇，张春雷，赵甫. 近距离煤层群开采底板不同分区采动裂隙动态演化规律 [J]. 煤炭学报，2015，40 (4)：786-792.

[110] 张志祥，张永波，付兴涛，等. 煤矿开采对地下水破坏机理及其影响因素研究 [J]. 煤炭技术，2016，35 (2)：211-213.

[111] 张志祥，张永波，王雪，等. 煤层开采厚度变化对上覆松散含水层影响研究 [J]. 煤矿开采，2017，22 (2)：61-64.

[112] 张志祥，张永波，王雪，等. 煤层开采弱透水层厚度变化对上覆松散含水层影响研究 [J]. 煤炭技术，2017，36 (4)：156-158.

[113] 张志祥，张永波，赵雪花，等. 隆博煤矿矿山地质环境影响评估及防治对策研究 [J]. 太原理工大学学报，2013，44 (2)：218-222.

[114] 张志祥，张永波，赵雪花，等. 双煤层采动岩体裂隙分形特征实验研究 [J]. 太原理工大学学报，2014，45 (3)：403-407.

[115] 赵春虎. 蒙陕矿区采煤对松散含水层地下水资源影响的定量评价 [J]. 中国煤炭，2014，40 (3)：30-34.

[116] 郑颖人，陈祖煜，王恭先，等. 边坡与滑坡工程治理 [M]. 北京：人民交通出版社，2007.

[117] 周宏伟，张涛，薛东杰，等. 长壁工作面覆岩采动裂隙网络演化特征 [J]. 煤炭学报，2011，36 (12)：1957-1962.

[118] 朱伟. 厚松散层薄基岩下采动裂隙发育规律及应用 [J]. 金属矿山，2019 (10)：126-132.

[119] 竺士林，赵树林，刘建忠. 煤炭开采对水资源及环境的影响 [J]. 水资源保护，1994 (4)：39-45.

[120] 邹友峰，邓喀中，马伟民. 矿山开采沉陷工程 [M]. 徐州：中国矿业大学出版社，2003.